U0516868

走出人类世

人与自然和谐共处的哲思

宋冰 编著　赵汀阳 插图

中信出版集团 | 北京

图书在版编目（CIP）数据

走出人类世：人与自然和谐共处的哲思 / 宋冰编著
. -- 北京：中信出版社，2021.11
ISBN 978-7-5217-3444-7

Ⅰ. ①走… Ⅱ. ①宋… Ⅲ. ①生态文明－哲学－研究
Ⅳ. ① B824

中国版本图书馆 CIP 数据核字 (2021) 第 160245 号

走出人类世——人与自然和谐共处的哲思
编著： 宋冰
出版发行：中信出版集团股份有限公司
　　（北京市朝阳区惠新东街甲 4 号富盛大厦 2 座　邮编　100029）
承印者：　河北鹏润印刷有限公司

开本：880mm×1230mm　1/32　印张：6.5　　　字数：144 千字
版次：2021 年 11 月第 1 版　　印次：2021 年 11 月第 1 次印刷
书号：ISBN 978–7–5217–3444–7
定价：59.00 元

目录

序言　走出人类的错位与迷惑

宋冰

自 2019 年底以来，新型冠状病毒肺炎（简称"新冠肺炎"）疫情持续在全球蔓延、病变，呈波浪式回潮、反复。虽然有些国家和地区因为早期采取了强力的抗疫措施，暂时控制住了疫情，人们的生活与经济运转慢慢复苏，但"风景独好"的形势依然脆弱。从全球范围来看，因新冠肺炎疫情而加深的社会撕裂、政治纷争、经济衰退和地缘政治冲突升级还在发酵、恶化，全球社会动荡加剧。

不同政治理念、治理框架和社会文化心理以及相应的公共卫生危机管理之间的比较、分析和反思充斥各大媒体和学术、政策期刊。然而，值此危机来袭之际，我们是否应该更深层次地审视人类的生存状态，以及形成和助推这种生存状态的理念和制度？新冠肺炎疫情只是近年来人类面临的众多全球性挑战和灾难之一。在生态日益恶化、气候变化加速、地缘政治冲突不断升级的情况下，更多自然的与人为的全球性危机会不断上演。那么，我们是否应该借此机缘深刻反思我们奉为圭臬的价值观体系和认识，甚至回到哲学探索的原点，重新思考一系列根本性问题呢？德国哲学家马库斯·加布里埃尔指出，"新冠肺炎疫情揭示了 21 世纪主导意识形态的系统性弱点，即我们一直坚信只依赖科技进步即可推动人类和道德进步"，他呼吁来一场"形而上学大流行"，以唤起人类社会对全球意识的全新认识。[1]

哲学家赵汀阳积极回应，认为人类需要一场像流行病一样有力量的形而上反思，"让思想获得集体免疫"，他呼吁人类要突破现代思想的维度，发现或创造比现代思维更高的思想空间，在更高的维度或者说在更根本的层面上"摆脱现代思想的向心力"，重新思考深层哲学概念。旅美道家哲学家王蓉蓉将这场全球新冠大流行称作"道"的时刻。西雅图大学佛学家、日本禅宗受戒法师贾森·沃思认为，全球新冠肺炎疫情或许就是日本镰仓时代永平道元大师所说的"遇经"时刻，人类要把握这个机缘，把这场全球性新型冠状病毒的大流行当成一本经书来研读。

为回应这些呼吁，我们邀请了一些哲学家和生物学家讨论以下问题：人类和其他生命形式的本质是什么？我们如何与自然及其他存在形式联结？生命演化、变异的规律是什么？自由、幸福、苦难、生与死又意味着什么？高歌猛进的高科技文化及其思维方式是否可以使人类摆脱日益深化的困境？人类当下最紧要的思维转向应该是什么？这本书所汇集的思考与论述或许会改变、逆转甚至颠覆我们习以为常的现代社会基础的观念和思维。这或许可以成为让人类获得"集体思想免疫"探讨的起点。

为了使读者对本书有整体的把握，我在此简要梳理参与本书写作的各位作者对以上问题的回应与论述。

生命是什么？人的本质是什么？人类和病毒的关系

生物学家白书农梳理他几十年来在生物学领域的研究与思考，打破静态、单一物质形态的生命观，主张从"生命系统"这个视角去理解生命。他认为，"生命＝活＋演化（迭代）。其中活是**特殊**组分（即碳骨架分子）在**特殊**环境因子参与下的，以分子间力为纽带的**特殊**相互作用，即结构换能量循环。而'演化'是上述三个特殊相关要素的复杂性自发增加"。[2] 以此定义，生命系统是一种特殊的物质存在方式，它依赖于分子间力的相互作用，"是在不断分分合合的动态过程中的一种可被人类辨识的、相对稳定的中间状态"。[3]

那人又是什么呢？人在这个复杂的生物系统圈中扮演着什么角色呢？白书农认为，从生物学的视角看，人类本质上就是地球生物圈中的一个子系统。人类与其他生命子系统的区别首先在于人类与其他物种的生殖隔离，但更重要的是人类独特的认知能力。这种认知能力使人类可以突破食物网络对自身维持与演化的制约，从而走出一条与其他生物不同的演化道路。在审视人类作为生命子系统运行的要素是否因受到新型冠状病毒的冲击而有所改变时，白书农认为，新冠肺炎疫情暴发所凸显的各种问题其实是人类这个生命子系统自身长期积累下来的毛病，病毒只不过是触发这些深层次问题的导火索。所以，与其为疫情而陷入无谓的焦虑，不如认真反思我们长期以来的"人本"或"神本"理念。在白书农看来，既然人是生物，"那么人类的生存与发展终极而言不得不服从生命系统的基本规律"。这些规律在地球生物圈出现之前就已经形成，并生生不息。

德国人类学家、哲学家托比·李思深刻认识到微生物与人类同呼吸、共命运的关系，但令人汗颜的是，我们人类几乎不会从微生物世界（比方说病毒）的角度来思考自己。其实，"对新型冠状病毒来说，人类没有什么不同于动物的特别之处。相反，对新型冠状病毒而言（对任何其他人畜共患病毒均是如此），我们人类只是动物中的一种动物而已。我们只是另一种多细胞有机体，另一个适合繁殖的栖息地"。我们其实不是生活在人类世，而是一直生活在微生物世。李思呼吁人类在思想意识层面摒弃人类世的陋习，学会从病毒的视角来理解、研判这个星球和人类社会。的确，我们人体有约 50 万亿个细胞，而我们携带的微生物则超过细胞数的 10 倍。这些微生物种类繁多，包括病毒、细菌、真菌，这些微生物组合在一起形成人类微生物群系。它们与我们共生共存。如果以数量和生命力论"英雄"，微生物才是这个星球的王者！我们只不过是几千种哺乳动物中一个渺小的群体。和细菌与病毒相比，我们只是这个地球上"初来乍到"却横冲直撞的家伙。

那么，病毒又是什么？它在这场热闹的生命讨论中又占有什么地位呢？它是生命吗？它与人类的关系是怎样的？病毒存在于这个星球已经有数十亿年时间，从智人出现那天起，病毒就与我们相生相伴。病毒不是独立的生命，必须要借助宿主细胞才能开展自己的生命活动和演化。于是病毒与人类形成了共生共存的局面。李思指出："病毒具有促进变革的巨大力量。由于它们具有在物种间传播、变异和重组，以及在细胞间拾取和转移遗传物质的能力，它们对细胞生命的进化做出了非凡的贡献。如果没有病毒，哺乳动物就不可能进化；如果我们的基因组中没有病毒的 DNA（脱氧核糖核酸），人类有机体就不可能发育，我们的器官也不可能具备现在的功能。"

科学家发现，和其他哺乳动物一样，人类借助病毒蛋白质才最初演化成有胎盘类哺乳动物，于是才有了人类的孕育和进一步演化。病毒学家与人类学家一致认为，病毒是人类演化最有力的驱动力。我们或许是病毒十分有效的宿主，因为我们热爱群居、社交、全球旅行，但是我们切不可因此而得意。我们显然不是它们唯一的宿主。它们不需要我们——没有人类，病毒依然故我，"长生久视"。这也是此次全球病毒大流行提醒人类的一个被遗忘的道理——人类需要大自然，但大自然未必需要人类。这或许也是老子在 2 500 年前就指出的"天地不仁，以万物为刍狗"的真理的再次示现。

那我们又应如何摆正人在自然中的地位呢？新冠肺炎疫情或许是压倒人类中心主义的最后一根稻草。现代社会的理念基石之一就是人类中心主义。近现代以来，人自以为脱离了动物的"低级趣味"，迈出了自然界，实现了对自然的控制和种属的超越，自然界的价值在于它能否被人利用和开发。作为最尊贵的存在形式，人围绕自己的利益对自然万物进行利用、开发和改造，理所当然。近现代社会中，人的主体性进一步登峰造极，迈向神坛。人的类神主体性与资本的逻辑、利润和财富最大化理念相结合，再辅以科技的翅膀，造就了当下人类的为所欲为，赵汀阳称之为无处不在的"嘉年华状态"。公众哲学中"幸福论"泛滥，每个人都拥有绝对"主权"，能够最大限度地扩大个人自由并将个人的私人偏好合法合理化，甚至道德化。虽然此前也偶尔有"梦醒"之时，但是很快人类就被新的科学技术发明、崭新的生活与社交方式吸引，于是一而再，再而三地戴着"面具"重返"嘉年华"舞场。这场全球新冠肺炎疫情或许终于可以击碎人追求成为神的梦想。

从"嘉年华"到痛苦深渊：什么是人的幸福和痛苦？

新冠肺炎疫情陡然加剧了全球几十亿人的恐惧、痛苦和失落，让人们坠入赵汀阳所说的"无处幸免状态"。无论在世界的哪个角落，也无论人种肤色、贫富悬殊、地位高低、国籍与政治立场之别，病毒一视同仁，从暴发到蔓延，以迅雷不及掩耳之势，横扫全人类，令人猝不及防。这其实就是人类面临生存级别风险事件时所处的状态。这也是为什么著名思想家、作家贾雷德·戴蒙德认为，这场新冠肺炎疫情才是全人类第一次遭遇真正意义上的全球危机。[4]

除了前文提到的，我们需要直面近现代人类意识上的"错位"，摒弃人类中心主义，本书的作者也主张进一步反思构成现代社会基础的其他观念，比方说幸福、痛苦与自由。赵汀阳说："我们更需要的是一种维特根斯坦式的'无情'反思，从伦理学的外部来反思伦理学，否则其结果无非是自我肯定，即事先肯定了我们希望肯定的价值观。"他认为，在人类的"嘉年华"状态中，人类社会沉浸于不断创造和享受幸福的追求中。但是在一个解释生活的坐标系中，"幸福只是其中一个坐标，至少还需要苦难作为另一个坐标，才能够形成对生活的定位"。现当代社会带来的"幸福"没有抵挡苦难的能力。赵汀阳认为，苦难是人类无法避免，也无法给出"解药"的难题。他说："苦难问题之所以无法省略也无法回避，因为苦难落在主体性的能力之外，就像物自体那样具有绝对的外在性，所以苦难是一个绝对的形而上学问题。"正因为苦难是个本源性问题而又无解，赵汀阳认为苦难问题可能是"形而上学大流行"

的一个好选择。

那么，佛教哲学家、日本受戒禅宗法师贾森·沃思又是怎么看待幸福与痛苦的呢？他指出，在当今世界，幸福就是"我们希望事情按照我们想要的方式发生"，而这又与"另一种假定捆绑在一起：幸福是我想要什么，对运气的索求是由我主导的。幸福是要得到我想要的世界"。他借用佛教教义，指出"我怎样才能幸福"这个问题本身的提出就是佛所说的"苦"（duhkha）的一种症状——释迦牟尼佛将"苦"诊断为人生第一真相，"它是一种持续的无常，一种遇事的不自在与不平衡"。沃思指出："我越是想要幸福，就越是加重了这个根源性问题——这个根源性问题就是'我'，是早就对自己和自己所在的世界之事感觉不自在的'我'。"于是，反讽的是，我越是追求幸福，就越是深陷在"我"隐含的不幸之中。这就是幸福的悖论——痛苦和对幸福的不懈追求其实是一体两面，"我们对幸福的执意追求恰恰在持续和加重我们的不幸福"。这不由得让人想起美国国父们在《独立宣言》中的豪言壮语：追求幸福是天赋人权，是不言而喻的真理。他们当然没有意识到其中的反讽。[5] 不过，他们或许也不曾想到现代社会的幸福观是建立在自我膨胀、掠夺自然、过度消费和日益加深的贫富差距之上的。这次全球病毒大流行或许可以促使人们慢下脚步，反思现代社会某些似是而非的自明之理，促进意识转向与转化，这也正是本书各位作者共同的心声。

高科技可以引领人类脱离困境吗？

在这次疫情当中，科技在抗疫的各个环节展现了强大力量与功效：从病毒基因隔离与测序、病例检测与诊断，到药物、疫苗研发，再到信息搜集与分类，以及大规模人群跟踪、测温、识别与分析，科技当仁不让，无处不在，成为人类抗疫不可或缺的工具与手段。疫情暴发之后，得益于科技赋能，人们通过在线办公、在线商业和在线教育基本恢复了正常生活。的确，科技给了我们抗疫的底气、信心和对治病毒的手段。然而，有趣的是，在这次抗疫过程中，"另类科技"——中医在疫情预测、疫病预防、轻症治疗、患者康复等方面大显身手，引起已被高科技驯化的人们的关注、质疑或赞叹。

哲学家张祥龙正是从中医在疫情中起伏的境遇，展开了他对当下广泛存在的高科技崇拜的质疑。科技固然重要，但如果把科技变成至高无上的意识形态，那么人类就走上了故步自封的道路。张祥龙指出，高科技"是被充分对象化的、能较快地产生新奇效果——新的生产力、商业利润、诺贝尔奖，提高科技'异人'的名声，从而提升持有者对自然、对他人的控制力和影响力的新科技"。科技无疑在人类演化历史上起到了强大的推动作用，在改善人类生存境遇、延长人的生命、提高人类生活质量等方面一直起着巨大的作用。但是，这种对科技的崇尚和鼓励如果发展成唯我独尊、黑白对立的思维方式，它就固化成了一种思想倾向和意识形态，"即将高科技当作每个领域、事项的唯一真理，要向全世界无条件地推行，同时将在同一领域和事项中的其他研究或实践方式视为异端邪说，起码是非真理，一定要排斥、打倒而后快和心安"。这种思想倾向和意识形态被张祥龙称为"高科技崇拜"。这种崇拜排斥其他秉持不同方法论的理念和实践。它真正崇拜的"不是真理，而是力量"。

张祥龙指出，充分对象化的高科技思维的局限性在于，它"跟不上生命时间的流变"。而"充满时间化或时机化的理解"、倚重"功能化"与"交叠化"、具全局认知的中医思维并不摒弃对象化的分析，但中医强调在全局中把握人的身心，针对尚未对象化的疾病予以预防（即常说的"治未病"），适时调整对治手段和方法，积极配合食物、生活方式、身心调理的方案。张祥龙基于中医在疫情中的出色表现，呼吁人类开拓思维，多元化地判断、思考、分析人类自身生存的状况，充分融入非对象化、阴阳时机化的思想维度。

张祥龙还进一步提出了"适度科技"的概念，也就是"最适于地方团体乃至整个人类的总体生存的科技"。他进一步解释道："从时间角度看，这种科技让人们可以最佳地结合当下急需和长远未来的利益；从方法上看，它既可以是对象化的，又可以是非对象化的；从它促成的生活质量上看，它使人们能够将安全与舒适、物质（生理）与精神、保守与进取（或传统与创新）、简朴与丰富、自然与人为等，最大限度地相互嵌入和糅合起来，从而体验到一种美好的生活。"

人怎样才能自由？

在这场全球疫情中，另一个引起广泛关注与讨论的概念就是自由。在确认新型冠状病毒的高度传染性后，中国政府马上在国内疫情初始暴发地武汉宣布实施封城措施，随着疫情蔓延到中国其他城市，封城、封社区、禁足、强制性社交隔离、接触追踪、取消航空与火车等公共交通服务的措施在全国扩散开来。这些限制措施起到了遏制疫情蔓延、缓解医疗系统压力的作用。但是，初期这些措施在国际上遭到了广泛的批评和指摘。

意大利著名思想家阿甘本在意大利疫情初期，对意大利政府实施的限制个人自由的政策发出了最强烈的反对声音，引发了全球思想界的一场大辩论。阿甘本认为，那些紧急措施是非理性、恐慌性的，是当代政府夸大危机从而趁机揽权、滥权的表现，他担心这种"例外状态"的常规化。他认为，不应该为了"活着"而牺牲"生活"，苟活不如去死。[6]赵汀阳认为，阿甘本"把新冠肺炎疫情的语境无节制地升级，从而导致了问题错位"。他进一步指出，某些条件下放弃自由就类似于经济学中永远摆脱不掉的"成本"，这种取舍是所有幸福生活可以持续的条件之一。显然，赵汀阳在此对阿甘本的批评十分克制。在我看来，虽然阿甘本提出的问题不是完全的无稽之谈，但在形势紧急、对病毒来源与扩散缺乏充分了解的彼时彼地，把对限制权利、自由的措施可能带来的"滥权"风险上升到极致并且假定限制自由的措施是一成不变的，然后进行批驳，实有矫情之嫌——活生生地把一个现实问题变成课堂上的一个思想游戏，一头钻进了思想的死胡同。

王蓉蓉受到庄子的启发，用道家的话语体系思考了一套适用于人类在"无可奈何"情形下（禁足时期）的身心应对机制的理论与实践。她聚焦庄子提出的"乘物""游心""养中"三个方面，"通过观照'无奈'澄清何谓'乘物'，通过探索乐的终极源头来认识'游心'，通过诠释'养中'来赋予人生的最终意义"。庄子的"乘物"揭示了生命充满不测之变，而人能控制的范围和能力是有限的。于是，"安时而处顺"，涵养德行，应对无常，尤其重要。"游"则是庄子处变、处事的观念与态度。王蓉蓉指出，"游"源于三种境界：外游、内游与道游。外游是当下人们醉心的游山逛水、"五色令人目盲"的境界，在全球因疫情而封国、封城、禁足的时候显然不适用。内游和道游才是"道"的时刻应该关注的。王蓉蓉认为，内游根植于自身内观之能力。"游于心或游于意，乃是不依赖外在事物、外来刺激或感观输入的。这种游是自己的心与意之游，是自给自足的闭环。"道游则更上一个台阶，游于道，游于无穷，与外物外境无待，"顺天循道"，"至美至乐"。终极状态的"游"应该是"无所不适""无所不至""无所不观"的"游"。显然，这个"游"与现代社会认识的"自由"大相异趣，前者是内省、自我的叩问和意识的提升，而后者是引导人们加强人我之别、向外索求、抗争的理念。"养中"是达到内游与道游的方便法门。王蓉蓉指出，庄子的养中包括了养心、养气和养督三个方面，是在"应对变化、命运，以及那些莫不可测之事，把握新出现的机遇，做出最佳的选择"之时的实用方法。

那么，佛教哲学家又是怎么看待自由的呢？沃思鞭挞了在当下一部分美国人中十分流行的自由观、权利观。这些观点认为，一切妨碍自己为所欲为的就是侵犯个人权利、践踏人身自由。于是，他们反对强制戴口罩，抗拒维持社交距离，拒绝接受接触追踪等措施。沃思把这种置他人、自己的安危于不顾的对自由与权利的诉求称作主张"愚蠢的权利"，换句话说，就是人类在主张有"作"的权利与自由。正是这种自由观和实践引发了生态危机，让我们无视动物天然的栖息地与生存空间，加速了疾病从畜到人的传播。沃思认为，现代社会人们追求的自由，"不是蕴含于自然的自由之中（如佛法和道家所说的），而是存在于我们任性的战斗中，战斗的目的就是将我们的自我凌驾于自然之上"。

什么是生死？生死的了脱

"人命关天""活着就是硬道理""好死不如赖活"等种种民间早已有的诉求和表达在疫情期间的日常交谈和社交媒体中

"出镜率"极高。国人在封城、禁足期间的相互配合、守望与提携也达到了高峰。

在理念上,我认为这种强烈生存的欲望源于《易经》中的"生生"。根据"生生"观,持续生长和永恒变化是宇宙万物的根本属性。天地是自然界最崇高的生命力量,给予并维持万物的生发、存续与繁荣,即所谓"天地之大德曰生"。中国本土哲学流派从大自然源源不断的创造力中汲取了治理人类社会的灵感。儒家规劝人们效法"天"(乾)去不断成长和创造,追求理想的模范人格,即君子。道家则重视"地"(坤),因其具有不朽、滋养万物和无私的品质。效法"地"可以培养出支持和滋养生命、与自然合一的品格。简而言之,"生生"颂扬生命、生存、创造、给予、繁荣、延续和共存。这种生活态度影响着中国人养成不断自我更新、乐观积极的心态。在对比中西哲学异同之时,国学大师、浸淫中西比较哲学多年的哲学家赵玲玲指出,中国哲学的出发点和主要议题是"求生",即人如何保生、善生、长生久视,与西方哲学源于好奇心的"求知"形成鲜明对比,因此演绎出了不同的价值观体系和生命态度。

在死亡问题上,如果说儒家"避重就轻",秉持"未知生,焉知死"的态度,道家对生与死的看法则意趣迥然。道家思想根植于道生万物、自然至上的宇宙观,认为生死乃道之自然法则。庄子则更是以超然、挑战乃至幽默的态度大谈生死。他认为,气聚则生,气散则死,生死相继,生死一体,死亡只是人类生命向另一种生命形态的转变，乃自然造化，有何堪忧？

总之，"生生"的观念对中国本土哲学的特质、中国人的价值取向和思维方式产生了深远影响。一方面，中国文化中留存了求生、寻求此岸生活乐趣、长寿和生命延续的强大基因。另一方面，中国人又受道家的影响，能够达观地将人类不可避免地走向死亡这一事实视为转化成其他生命形态的自然现象。这种一方面求生而另一方面相信生死循环的观念造就了中国人强大的生存精神、韧性和面对逆境时的乐观主义。

然而，对生死的达观并不等于了脱生死。在此，星云大师的一段话或许对我们有所裨益。星云认为，了脱生死的意义在于，"生，不为生的苦所束缚、困扰，而能突破生的困难、挑战；死，也不为死亡而伤心难过不已，而能了知有个不死的佛性"[7]。

我们需要什么样的哲学和"形而上"升维？

综观各位作者在疫情期间的思考，我总结出以下两条主线。

第一，他们都呼吁纠正人的"错位"，重新思考适用于人与其他存在形式的思想体系。在认识上要摆正人的位置，甚至转变对"人"的认识。在自我认知、反思的基础上发挥主观能动作用或许是人类得天独厚的禀赋，但这种认知和能力不应该让我们自以为超越了自然和生命系统的基本规律，甚至自恃其能，肆意奴役、掠夺其他自然万物，将自己的利益最大化。恰恰相反，无论是科学家对物种演化、生命系统基本机制的发现和观察，还是哲学家、宗教家的因缘法、万物一体论，我们的认识都指向宇宙万物（包括人类）的同源性、一体性以及相互依赖与共生共存的秉性。由于人类强大的认知能力与主观能动性，人类之于宇宙万物应有"乱可治、绝可续、死可生"的责任与担当。

基于对人归位后的认识，我们应该建立什么样的有广泛适用性的思想体系呢？白书农认为，既然人是生物，那么终极而言人类的生存与发展不得不服从生命系统的基本规律，而这些规律在人类出现之前就已经形成，并生生不息。他把这种以生命系统的基本规律作为人类行为规范是非标准的终极依据的思路称为"生本"观念，与过往的"神本""人本"体系相对。这个"生本"体系最基本的特征就是"活"。

这不免让我想起近年来生物学界热议的共生与共生演化理论。20世纪中期以来，越来越多的动植物学家认为，共生是生物界普遍存在的现象，不同生物以互利共生、寄生和共栖等关系生活在一起。有些科学家进一步认为，与达尔文进化论的自然选择假设不同，"共生"在新物种的演化创新中发挥了至关重要的作用。达尔文进化论强调斗争、对立、零和竞争和适者生存，而共生假说的核心是相互依赖、相互关联、权衡取舍、共存和共同演化。

受到东方哲学、宗教传统与当代生物学的启发，中日学者近年来提倡"共生思想"，肯定整体性思维、价值多元和存在形式的多样化。中国固有哲学思想中"生生"的古老智慧也给共生思想提供滋养与启发。"生生"意味着出生、再生、永续发展、变化。"生生"也有"自己活，也让别人活"的意涵，恰似英文中"Live and let live"的表达。这种世界观显然与生物界的共生现象有异曲同工之妙。统摄包括人在内的所有生命形式的就是这种生命力，以及这份生存、延续和繁荣的力量。总之，从"生生"与共生的理念出发，我们必然得出结论：所有人类的生命、非人类的生命甚至非生命的事物相互纠缠而生存，又因彼此而改变、发展和延续，不同的生命形式理应得到相应的尊重和关照。

第二，各位作者的共识是，新冠病毒的全球大流行所暴露的不仅仅是发生在人类身上的问题，更重要的是，它暴露了人类本身才是最大的问题。我们亟须思想转向和"升维"，甚至寻找从根本上解决人类困境与烦恼的方法和道路。

那么，我们应该如何解构、重组甚至颠覆近几百年以来固化的概念、思维方式以及生命实践，来面对当下和未来将不断上演的生死存亡危机呢？白书农认为，疫情为人类反思以往的"神本""人本"文化提供了机缘，人类意识是时候转向对一般生命系统演化规律的探索，并塑造"生本"的思想体系。赵汀阳认为，"疫情触动了形而上的问题"。王蓉蓉和沃思则分别认为，疫情是"道"的时刻，是体悟疫情"病毒经"的时刻。在人类陷入四面楚歌之际，我们或许应该回到哲学原点，重新思考诸如"幸福""痛苦""自由""生死"这类伴随我们生生世世而又时常被遗忘的理念和相应的生命实践。张祥龙则认为，疫情给高歌猛进的高科技狂热打了一针镇静剂，或许"适生"科技才能给人带来长久的安康幸福。沃思沿用佛教教义，规劝人类发"四无量心"——慈、悲、喜、舍，发扬人类存续的中道。

总之，各位参与写作的科学家和哲学家都认为，当下是人类思想应该转向和"升维"的时刻。

如果说从伦理学的外部来反思伦理学是维特根斯坦式的"无情"反思，那么从人类惯用的意识、思维、概念、名相之外部来"观"自己，通过"悟"抵达真实，这或许是对自我、对人类历史和现状的最"无情"反思，或许也是帮助人类"升维"的努力。

沃思以为，或许疫情这个"突然经历的苦"可以打破我们的体验之根底里"那带着粪便味儿、蒙着灰尘的常识"，而让我们渴求道元法师所说的"大觉醒"。沃思语重心长地呼吁道："这是大事，是一等一的大事，如果对此置之不理，那么我们无论付出多少努力都将徒劳无功。"

的确，从大觉醒和大智慧角度来看，迷惑的人类遇到危机可以转换意识，从以前的人类世、人类中心主义到当下的微生物世、非人类中心主义，或许可以解决一时一际的问题，但那大抵类似瘾君子自我开方，解一时燃眉之急、缓解症状而已！那么要彻底反思和颠覆对当下人类境况的认识，仅仅对我们感知的客体事物或对象化的事物重新定位或更换视角似乎还意犹未尽，我们应该进一步反躬自问：观察、思考的主体的"我"又是什么？"我"的本质是什么？这个"我"与我们惯常的对象化的宇宙万物之间又是什么关系？我在此把这一千年大哉问留给读者吧。

　　总而言之，新冠肺炎疫情给人类带来灾难、恐慌。但是如果人们把握住这个机缘而真有所思、有所悟，在根本层面上重新思考被人类社会奉为圭臬的生命观、人生观和世界观，着手深刻地自省与自觉，这或许才是这场新冠肺炎疫情之于人类的最大意义。

1　GABRIEL M. We Need a Metaphysical Pandemic［EB/ OL］.（2020-03-26）.https:// www.uni-bonn.de/news/we-need-a-metaphysical-pandemic.

2　白书农.生命至上——生命是什么（3）？［EB/ OL］.（2021-01-20）. https://rui_n.berggruen.org.cn/article/av2uz8isj8vpi5BCkv0y.

3　见本书第 2 章。

4　Dialogue with Jared Diamond—Global Pandemic and Crisis Management ［EB/ OL］.（2020-07-01）. https://www.berggruen.org/ideas/articles/ dialogue-with-jared-diamond- global-pandemic-and-crisis-management/.

5　和蓄奴的庄园主领导争取"自由""平等"的革命的反讽比起来，这个"幸福"的反讽或许就不足挂齿了。

6　Giorgio Agamben: "Clarifications", translated by Adam Kotsko, March 17, 2020. https://itself.blog/2020/03/17/giorgio-agamben-clarifica-tions/. 辩论始末及更多英文翻译参见：Coronavirus and Philosophers, European Journal of Psychoanalysis. http://www.journal-psychoanalysis.eu/coron avirus-and-philosophers/。

7　《星云大师全集·经义·佛法真义》，第 181 段，佛光山资讯中心。

01

从人类世到微生物世

托比·李思

人类世　　无差别事件

微生物世　　人类世

无差别事件

现代性的本体论

人类变革　　　　微生物世

现代性的本体论　人类变革　人类世

也许你从未听说过穿山甲这种动物。也许你认为它们对你或你的生活而言并不重要。也许你认为它们对你如何定义人类或政治而言更不重要。

但是，我们有充分的理由去重新思考这一问题。

新构型的出现

据我们所知，这个故事始于东南亚某地，菊头蝠将其体内特有的一种冠状病毒传给了穿山甲。

穿山甲已经成为世界上遭贩卖数量最多的动物之一。它们的鳞甲被用来制作中药，许多人认为它们的肉是一道美味佳肴。有时，它们会出现在贩卖野味的市场中。在那里，你还能买到果子狸、蛇、水獭、狼和乌龟等。

冠状病毒在从蝙蝠转移到穿山甲和其他宿主身上时会进化

和重组。宿主有时会生病，有时则不会。对于病毒来说，这种情况并不罕见：不断改变形态是病毒的一种生存策略，可以增加其适应宿主细胞表面受体，从而侵入宿主细胞、进行复制的机会。

在某个时刻，人类感染了这种新型病毒，可能是因为有人吃了蝙蝠或穿山甲，可能是因为有人接触了蝙蝠粪便，也可能是因为其他传播事件。此后，该病毒继续改变自己的形态。

菊头蝠—穿山甲—人类，这条传播链可能是存在的，因为这些动物与人类在生物学上都有密切的联系。由于它们的细胞与人类存在足够的相似度，病毒才能成功复制。这叫作共祖的细胞连续体。

目前，人们尚不清楚该病毒在发病前在人体内存活了多久。我们只知道，2019 年 12 月初，出现了一系列新冠肺炎病例。

接下来的事情就众所周知了。不过，这并不是卡尔·马克思所指的"人类创造历史"的例证。相反，这段历史是由人类和非人类事物之间呈指数级增长的构型（configuration）所造成的，这一构型的界限不断模糊，从而破坏了两者之间的区别：一个由蝙蝠、洞穴、病毒、穿山甲、雨林、人类、贩运路线、市场、飞机、口罩、民族国家、呼吸机、边境等组成的无限放射的网络。

新冠肺炎对人类和非人类事物之间的明确区分造成了困

扰。它对现代政治观产生了怎样的影响？在提出这个问题前，我们必须先把现代政治观本身视为一种构型。

现代政治观

现代政治观之所以成为可能，是因为发生了一件乍看之下似乎与政治关系不大的事件。纵观历史，人类曾认为自己能够在上帝赐予的自然宇宙中无拘无束地生活。在这个自然宇宙中，万物都有其明确的位置与作用，人类也是如此——他们是一种自然事物，也是生物巨链中的一个条目。

然而，1600 年前后，事情开始有所改变。人类开始将自己与自然区分开来。他们日益将自然视作"外面的世界"，一个他们曾经属于但已经逃离的起源地。自然界现在成了动植物的领地，成了非人类的领地。更重要的是，自然界成了一个要由新生的实验科学而非形而上学的沉思来研究的经验领域。

政治领域是人类与自然界区别最为明显的领域之一。千百年来，学者们一直把亚里士多德关于人类是政治动物的描述视作对于政治的决定性论断。亚里士多德政治观的背景是他对人类本质的理解。他在《尼各马可伦理学》中问道，人的功能（ergon）是什么？我们所知的每一种动物都具备一种功能——最高贵的动物，即我们称之为人类的动物，不可能没有功能。他的回答是，自然界赋予了人类理性（logos）。因此，人的功能是思考，更具体地说，就是通过思考参与组织宇宙的神圣思想。

那政治呢？亚里士多德试图在《政治学》中确定什么样的共生形式是人类实现宇宙赋予他们的功能所必需的。他最终得到的理想形式是"政治共同体"（koinonia politiké）：所有人类群体都应由一个小团体（koinonia）来管理，该团体的成员足够富有，不必为获得生活必需品操心，因此他们可以抛开任何战略上的私利，自由地聚集在一起思考——思考组织自然宇宙的神圣思想（称之为理论理性），思考如何以最佳的方式组织雅典同胞的生活（称之为实践或技术理性）。亚里士多德把政治理解为一种道德实践。

几个世纪以来，这种观点几乎没有发生什么变化：古罗马的新贵骑士和中世纪的学者都认为政治是少数人的道德实践，这些人拥有足够的特权，能够以上帝赐予的自然宇宙法则来建立和监督一个社区。

然而，17 世纪早期，这种观点出现了一次明显的断裂：政治观，以及自然观，发生了根本性的转变。典型代表人物是英国哲学家托马斯·霍布斯。在 1651 年首次出版的《利维坦》中，霍布斯提出了与亚里士多德截然相反的观点，他认为政治状态与自然状态是相互排斥的。

想一想这种逆转。亚里士多德认为，人类是动物中的动物——他们是特殊的理性动物，但是理性思考的能力并未将其从自然界中分离出来，而是仅仅将人类与其他动物区分开来：

"因为除了人类之外的其他动物并不会通过认识理性而服从理性，它们只服从感性（pathos）。"

霍布斯赞同亚里士多德的观点，即只有人类才具有理性。但亚里士多德认为，理性决定了人类在自然界中的地位，而霍布斯则认为，人类的理性思考能力是人类区别于自然的原因。

霍布斯有句名言，在自然状态下，"人对人像狼一样"。意思是，在自然状态下，人类是动物中的动物。他们与缺乏理性的动物一样，依靠野性、直接的激情或需求生活。每个人都可以通过蛮力夺走别人的一切，这就使得人类生活陷入了"战争"状态，因而也是充满"恐惧、贫穷、邋遢、孤独、野蛮、无知、残酷"的状态。

在人类如何摆脱动物状态这个问题上，霍布斯给出的建议是思考。实践理性可以驯服激情，从而"解放"人类，使其认识到政治或"人工"状态相对于自然状态的优势。如果说自然状态下的生活是"孤独、贫穷、肮脏、野蛮和短暂的"，那么政治生活则提供了"和平、安全、财富、体面、社会、优雅、科学和仁爱"。

为什么是人工状态？霍布斯在《利维坦》中用了 societas 和 civitas 这两个拉丁语单词来表示政治共同体，他用的是这两个单词在古罗马时期的含义，即法律集团。他认为，社会是由个人（大多是富有的地主）组成的，他们放弃了自然自由，而选择了彼此之间经过认真协商的权利和义务。对霍布斯来说，社会是人工的，因为它是一种发明。动物无法协商它们的共生形式，但是拥有理性的人类可以。

退一步说，我们可以从霍布斯的著作中看到，一种对政治做出界定的构型出现了。这种构型始终存在，直到我们所处的时代。

一方面，人类拥有理性思考的能力，能够创造出自然界中并不存在的（人工）技术或发明，这些技术或发明是自由的一种形式。另一方面，非人类的自然界没有技术或技巧，没有理性，依靠（生理）需求和不加遏制的激情来组织。在这种状态下，人类不再是人类，而是过着动物的生活。

在现代政治观中隐含的是，人类事物、自然事物和技术（或人工）事物之间泾渭分明。这被称作现代性的本体论。

对霍布斯来说，自然界已不再是一个由神圣理性组织起来的宇宙：它已经成为"外面的"动物状态，一个非人类的领域，一种没有任何理性的状态。

历史 + 社会

尽管霍布斯的政治观始终保持着相对稳定的状态，但它还是经历了两次重要的改变。第一次是在 18 世纪中叶，历史哲学出现的时候。在霍布斯看来，自然与政治之间的关系还不是一种历史关系。在默认情况下，人类处于自然状态，但是他们可以通过法律安排摆脱这种状态。如果这种安排崩溃，他们就会重回自然状态。

随着关于人类整体的线性普世史观的出现，这种情况发生了变化。现在人们认为，在某一时刻，所有人类都是自然界的一部分，但是有些人成功摆脱了这种自然状态。他们开始有了自知之明，学会运用理性，制造工具，不断拉大自己与动物之间的距离（尽管他们曾经也是动物中的一员）。历史哲学的出现带来的一个重要后果是，人们认为有些人类"仍然"生活在自然状态中。这就是殖民主义的想法。这些人被称为"未开化的人""原始人""野蛮人""前现代人""土著"。

第二次重大改变发生在50年后的18世纪与19世纪之交。对霍布斯来说，社会仍然是古罗马意义上的societas，也就是说，它是一种契约安排。然而，在法国大革命的背景下，"社会"一词开始获得新的含义。革命者提出，构成国家的社会不应由可以与国王协商法律协议的富有地主组成，相反，它应该由人民组成。随着法国大革命的爆发以及随后欧洲各地民族国家的出现，"社会"一词越来越多地用来指一个国家、一个种族、一个民族。

当前，几乎所有的政治制度和政治理论都建立在"民族社会观是政治的基本观点"这一假设的基础之上。此外，这种社会观中还隐含着霍布斯最初的暗示，即政治状态和自然状态是相互排斥的。

参与政治意味着将天赋的理性付诸实践，这反过来又意味着，通过发明自然界不存在的生活方式，将人与自然界区分开来，因为动物是可以简化为其直接生理需求的兽类：技巧（artifice）就是自由。时至今日，"社会"科学家依然反对以自然的方式来研究人类。他们认为这是把人类简化为动物，从而否定自由的可能性的不合理做法。

从很早的时候开始，尤其是在 19 世纪 90 年代细菌革命的背景下，细菌的发现，以及所谓的病原菌学说的出现，使得民族国家经常被想象成有机体，而国家则被想象成医生，后者必须清除身体政治中的寄生虫和病原体。这是一种将生物学概念转移到政治观中的奇怪且最为失败的尝试。20 世纪 30 年代，将免疫系统表述为一个自我 / 非自我识别系统的做法有助于将政治表述为一种免疫反应。构成和维持一个民族的决定性行为是不断将非自我从自我中分离出去，其中，非自我是仍然贴近自然界的病原体或外来者，因而更像动物而不是人类。

接下来谈一谈新冠肺炎。

大型"无差别"事件

新冠肺炎这种由病毒引发的人类和非人类事物之间呈指数级增长的构型，对现代政治形式有何影响？

我逐渐意识到，新冠肺炎是一个大型"无差别"事件。我的意思是，新冠肺炎一步步消除了最早出现在现代社会早期，此后一直被视为理所当然的人类与自然界之间的区别。这种无差别发生在许多不同的层面。下面列出其中三个层面。

第一个层面也许最明显，它来自病毒的人畜共患特性。蝙蝠、穿山甲、人类：对新型冠状病毒来说，人类没有什么不同于动物的特别之处。相反，对新型冠状病毒而言（对任何其他人畜共患病毒均是如此），我们人类是动物中的动物，我们只是另一种多细胞有机体，另一个适合病毒繁殖的栖息地。

过去，我们已经有机会了解到我们具有动物性这一事实。近些年来，人类感染了禽流感、SARS（非典型肺炎）、猪流感、MERS（中东呼吸综合征）、HIV（艾滋病）等病毒，它们分别来自鸟类、蝙蝠、猪、骆驼和黑猩猩。我们还感染过鸟和猪的混合病毒。每次人畜共患病发生时，人类动物和非人类动物之间的无差别现象就会出现。

第二个层面是我们的基因构成，其中 8% 源自病毒。这 8% 是另一种人畜共患病所造成的结果。大约 5 亿年前，当第一个多细胞有机体自细菌进化而来时，病毒就做了它们该做的事情——感染了多细胞生物，在某些情况下，将自己插入多细胞生物的基因组，从而改变了这些有机体的发育过程和行为模式。

这并不是一次性事件。它一次又一次地发生。

病毒具有促进变革的巨大力量。由于它们具有在物种间传播、变异和重组，在细胞间拾取和转移遗传物质的能力，它们对细胞生命的进化做出了非凡的贡献。如果没有病毒，哺乳动物就不可能进化；如果我们的基因组中没有病毒的 DNA，人类有机体就不可能发育，我们的器官也不可能具备现在的功能。

如果说人畜共患层面表明我们是动物中的动物，从而消除了我们与自然界之间的差别，那么基因层面则将我们视作病毒世界中细胞演化的偶然产物，从而消除了我们与自然的差别。我们具有的 8% 的病毒 DNA 清楚地表明，我们基因组的历史比人类物种的历史早数亿年。而新冠肺炎疫情则清楚地表明，这种演化正在发生。

第三个层面是将我们视为众多生态系统中的一个生态系统。当单个的真核细胞通过融合进化为最早的多细胞有机体时，它们所处的是微生物的海洋。这些早期的多细胞有机体极其依赖周围的细菌和病毒。事实上，它们将细菌和病毒融合到自己的细胞成分中，并让它们负责监督细胞的自我维护。细菌使其具备了新陈代谢的功能，而病毒则通过杀死那些有可能过度增长而多余的菌群来调节常驻细菌。

时间并未造成多大改变。现存的每一种已知有机体的体内都有微生物（细菌、古生菌、真菌和病毒）。离开了它们，有机体无法存活，也不可能维持正常机能。我们人类也不例外。人体的每一个器官系统都依赖于细菌代谢物——我们的健康完全依赖于调节这些菌群的病毒。

令人惊讶的是，病毒的这种调节作用并不是人类所特有的。在所有已知的生态系统中，都可以观察到病毒通过杀死过剩菌群，以维持生态系统良好运转、调节生物多样性的现象。事实上，人类最早是在池塘中发现并着手研究病毒的这种调节作用的，后来该项作用在对人类肠道的研究中也得到了证实。

让我们稍加思考：对病毒来说，人类的肠道是众多池塘中的一个池塘。有的池塘位于热带雨林、大草原或某个城市的市中心，但人类的池塘位于智人体内。病毒让我们明白，我们人类其实不过是多物种生态系统中的一个而已——众多池塘中的一个池塘。所有系统均由病毒调节。

还有许多其他层面，也许最耐人寻味的是，调节碳循环的病毒是如何消除我们与生物圈之间的差别的。不过，让我们就此打住，来总结一下新冠肺炎中体现的世界的基本特征。

1. 所有生命都存在于细胞内外的病毒云中。

2. 我们人类与病毒（以及其他微生物）有着悠久的共同历史。它们塑造了我们，是我们身体中的一部分，我们无法与它们区分开来。

3. 我们是微生物——病毒世界中多物种集合体中的一员。我们与它们相互交织、相互渗透，密不可分。

现代政治构型中隐含的对世界的理解差异再明显不过了。事实上，病毒的运动——可能是从蝙蝠到穿山甲再到人类，使得现代政治观（及其对人类事物、自然事物和技术或人工事物的明确区分）变得不可信，而且站不住脚。

面对这一情况，我们该怎么办？

人类、自然界、技术

让我们从重新定义人类、自然界和技术的概念开始。

对于霍布斯及其现代追随者来说，自然界是"外面的世界"，即非人类的世界、动物的世界。动物被认为是野兽。据说它们缺乏理性，被不受约束的私利和直接的生理激情（饥饿、性等）支配。因此，人们认为自然界处于战争的恒定状态，是一个充满恐惧、不信任、孤独和死亡的国度。

霍布斯及其追随者偶尔也会把动物描述成机械行事的自动机，暗示它们是拥有本能但本质上没有智慧的活机器。尤其是在历史哲学出现之后，他们也会将自然界描述为我们曾经属于却已经与之疏远的起源地。他们怀着浪漫情怀哀叹失去的原始智慧。

源自病毒的自然界显然并非如此。首先，自然界不再是"外面那个"非人类的世界。相反，它囊括了一切事物。没有什么事物可以高于、超越或超出自然界。所有事物，包括人类事物，都是它的一部分。由于自然界不再是"外面那个"世界，人与动物之间的差异也就消失不见了。

对病毒而言，自然界的第一个重要特征是相互联系。所有有机体都密不可分地相互交织在一起，并且与生物圈交织在一起。事实上，很难在有机体与其所处的生态系统之间划出清晰的界限，就好像有机体的轮廓模糊不清，好像它们渗入了生态系统中一样。这样一来，有机个体与生态系统之间就不存在任何区别——它们采用的自我维护的规则是一样的。

自然界的第二个重要特征是协作与变化之间的密切关系。所有的生命形式都是（在不同程度上）由深层进化史联系在一起的多物种协作：有机体、细菌和病毒之间的协作，不同种类的细胞和非细胞生命之间的协作。

有机体为细菌和病毒提供了栖息地，细菌为有机体提供代谢功能，而病毒则是整个协作安排的调节者。这是一个稳定协作的世界，也是一个变化的世界。事实上，变化是协作的一个关键因素。通过细胞间的基因交换以及将自身插入基因组，病毒使特定的多物种有机体能够适应新的环境，从而继续共同进化。认为自然界中不存在竞争的想法当然过于天真。但令人惊异的是，生命演化似乎源自协作——共生，而不是斗争或竞争。

从新冠肺炎中可以看到，自然界的第三个也是最后一个重要特征是，它突然变成一个充满纯粹的无限可能的领域。无论何时，自然界的可能性都比现实丰富得多。可能存在的生命形式比目前存在的生命形式多得多——任何已知的生命形式总是而且可能永远是短暂的，是时间长河中的一粒尘埃。

源自新冠肺炎的自然观使得历史哲学变得不堪一击——历史被视为严格意义上的人类事件，在与自然严格分离的过程中不断向前发展。人类自身——与自然界分离、独立、生活在自己的非自然（人工）环境中，无法自我维持。没有任何人离得开生活在人体内和人体表面的细菌、真菌和病毒。如果自然界不再是"外面那个"起源地，那么与现代相对的原始的概念就会消失，殖民主义的逻辑也将不复存在。

事实上，将人类有机体联结在一起的模式，即各种不同的分子机制，比人类的进化早了数亿年。例如，我们所依赖的不同物种之间的一些信号转导途径的发明就是从生活在原始海洋中的早期多细胞有机体上找到的灵感。像现代主义者那样谈论人类，就像是把野生生物放入培养皿，再加入漂白剂和抗生素，直到里面半数以上的生物都死亡了，然后庆祝勉强存活下来的部分成为"人类"。说得尖锐一些，人类是无菌的抽象概念，是一种幻想的和谐状态。

这里出现的挑战是，了解人类存在于自然界之中而非之外。以理性为例。如果无法将理性从大脑或神经元中分离出来，如果离开了病毒和我们那8%的病毒DNA，大脑和神经元就不可能进化和发育，那么拥有理性意味着什么？如果无法将头脑与神经递质（由我们肠道中的细菌产生）分离开来，那么有头脑又意味着什么？这种肠道菌群又取决于我们吃了什么食物，以及这些食物是在哪里以及如何生产的。

或者以技术为例。霍布斯及其追随者将技术概念化为自然界中不存在的人工事物。这里隐含的假设是，自然界是稳定且没有创新的。然而，从进化的角度来看待自然界时，创新会变成什么呢？也就是说，当自然界不再是"外面那个"稳定的背景，而是以新机制、新形式和新过程的进化创新出现在人类面前时，创新会变成什么呢？这样看来，人类的技术创新似乎只是一种生物有机体适应或改造环境的一种形式，而在人类所生活的星球上，存在着各种不断进化的生物有机体。从原则上来说，技术创新和生物创新之间就不存在区别了。

我们还可以更进一步：一旦我们认识到一些最先进的技术，比如抗生素、质粒或基因编辑技术，实际上是微生物而非人类的发明，技术会变成什么？

新冠肺炎让我们能够从自然界的角度出发，将人类视作一个课题——这里所说的自然界与处于现代社会核心的自然观截然不同。

这项挑战很吸引人，因为需要重新思考的概念非常多。

那么，我们又应如何看待现代政治呢？

现代政治的局限性

从新冠肺炎开辟的角度来看，现代政治似乎是一种为捍卫"人类具有独立性"这一幻觉而发明的工具。从本质上来说，现代政治已是一台"区分（人）的机器"。

通过目前人们对新冠肺炎的反应可以了解这部处于运作之中的机器。政治家、政策制定者和媒体一致认为这种病毒是来自自然界、来自"外面那个"世界的威胁。

一旦自然与人类之间的界限变得模糊，危险就可能随时出现。暴露在自然界中的人类面临着轮廓模糊、融入自然（无差别化）、陷入"战争状态"（即霍布斯所描述的充满"恐惧、贫穷、邋遢、孤独、野蛮、无知、残酷"的状态）的风险。

这种将人类与自然界划分为两个截然不同的领域的做法（被称为历史哲学的回声）的一个关键因素是，人们用怀疑甚至是不屑的眼光看待那些生活方式仍与动物相近的人，认为他们"还没有"成功地摆脱自然界，因此更多地属于"外面那个"世界，而不是"这里的"世界，就好像他们依然停留在文明人类或国家早已抛到身后的某种过去。

现代政治实践需要保护人类免受自然界的侵害。迄今所采取的形式，一方面是就地避难政策（shelter-in-place policy），即要求人们待在家里，不要"外出"；另一方面是关闭边境，将自然界的入侵者——病毒、外来者、动物拒之门外。通常，后者的含义是，民族社会是准有机体。它模糊了 20 世纪 30 年代的生物学语言与政治语言，仿佛政治的自我建构的基础是将非自我从自我中分离出去的行为。

从源自新冠肺炎的自然观的角度来看，将人类与自然界区分开来，或是将非自我从自我中分离出来的做法似乎是一种随意的暴力行为。如果自然界囊括一切，如果人类的独立性是一种幻觉，那么无论是病毒在"外面那个"世界的说法，还是对保留原始生活方式的人的指责，都没有任何意义。这样一来，民族国家的免疫政治学变得根本站不住脚。它的基础是对有机体和免疫系统的错误理解。它的基础也是对有机体的错误理解，即假定有机体是独立且离散的物体——细菌和病毒作为一种非自我，不属于有机体。它的基础是对免疫系统的错误理解，即暗示免疫系统是自我/非自我识别系统，因此是不断忙于将非自我从自我中分离出去的战争机器。

事实上，没有任何有机体可以像这种观念所暗示的那样，彻底从自然界分离。过去所谓的非自我，即细菌和病毒，是自我不可或缺的组成部分。事实上，当代免疫学家将免疫系统描述为我们这个多物种集合体的联合管理系统。

我先明确一点：我并不是支持群体免疫或过早解除就地避难的命令，也不是反对科学技术。恰恰相反，我认为技术越多越好。

我要说的是，由于践行了以维持和捍卫虚幻的人类观为基础的差异化政治，我们已经对地球（以及作为地球不可分割的一部分的我们自己）造成了破坏。我认为，除了提出新的人类本质、生活方式、技术实践方式和政治实践方式之外，我们别无选择。

微生物世：从非人类角度来看政治

目前，有两种互为竞争的策略对这一挑战做出了回应。

第一种回应建议将政治观延伸到自然界。我认为这种回应最为失败。它只是将人类对人类领域的责任延伸到自然领域，而不是从多物种自然界的角度重新思考人类的概念。它从根本上坚持人类高于或超过自然界的现代观，仍然将人类和自然界分割开来，因为技术被理解为人工事物。它认为自然只会成为人类领域的一部分，这种情况被称为外部世界失势，自然界和地球的完全人类化。

第二种回应采用了反演法，源自人类世这个术语所隐含的缺陷。人类世指的是一个以人类对地球及其反馈系统的影响为特征的新地质时代。人类世一词隐含着一种道德谴责：人类对地球上的所有生态系统造成的影响如此之大，以至于在地球化学中都有可能看到人类的活动，这是可耻的。可以说，该话语的规范含义是，人类与自然界应该完全分开。因此，适当的回应是将自然界作为"外面那个世界"加以保护，保护非人类免受人类的伤害。

从观念上来说，上述两种回应都很幼稚，它们依然坚持霍布斯式的现代人类观和自然观，因此仅仅是重新描述了他们需要着手解决的问题。

从哲学和诗学的角度探索病毒可以得到一个完全不同的答案。我称之为微生物世的政治。这里所说的微生物世是什么意思？它指的是从病毒的角度看待世界。

数十亿年来，细菌、病毒、真菌和古生菌是地球上唯一有生命的居民。它们占据了每一片海洋、河流与湖泊，每一寸土地和空气。它们推动了创造生物圈的化学反应，从而为多细胞生命的进化创造了条件。

细菌制造了我们呼吸的氧气、耕种的土壤和维持海洋的食物网。病毒定期杀死大量细菌，从而调节所有生命赖以生存的生物地球化学循环。微生物发明了支撑地球上所有生命的反馈系统，创造了过去和现在所有的生命形式。有史以来的一切有机体都源自细菌和病毒：一切有机体，包括我们人类，都与它们不可分割地交织在一起，并依赖它们。

从这个角度来看，我们绝对不是生活在人类世，而是生活在微生物世，它并不像人类世这个术语所暗示的那样，人类与自然之间的界限变得模糊不清。可悲的是，我们人类仍然没有学会从微生物（即病毒）世界的角度来思考自己，而我们恰恰是这个世界的一部分。

如果说政治是对共生形式的研究，尤其是寻找一种良好的共生形式的努力，那么我们还有很多工作要做。我们必须比较各种共生形式——原核生物与真核生物、有机体与病毒、菌丝体与树木，在池塘与肠道中，在洞穴和森林里，在肺与河流内。然后，我们必须在这些研究的基础上找到能够实现人类和非人类共同繁荣的政治形式。

行动计划

如果把本文中出现的人类观历史加以形式化，就可以得出以下提要。在最长的一段历史中，我们人类生活在上帝赐予的或神圣的自然宇宙中，我们是各部分中的一部分。17世纪初发生的一场深刻而深远的变革使我们离开那个宇宙，进入了人类时代：我们把自己与自然区分开来，将自然称作"外面的世界"，即动物和非理性的领域，我们试图在技术上拉大自己与动物之间的距离。今天，我们面临着离开人类时代，学习如何在微生物世生存的挑战。每个时代都有其独特的政治制度、独特的生产方式和独特的技术观。

怎样才能学会摆脱人类比自然界更重要的现代观念，学会从我们所处的微生物星球（我们也是其中的一部分）的角度清楚阐述什么是人类，人类应如何生活、如何实践技术、如何践行政治？也就是说，我们应如何从微生物世的角度看待上述问题？

我们人类能不能从非人类世界的角度重新思考我们自己，因为我们是这个世界的一部分，而且与其密不可分？要做到这一点，我们必须学会从微生物世的角度将自己客观化，也就是说，努力实现以地球而非种族或物种为中心的"我们"的观念。

在我看来，这是一个挑战，也是博古睿研究院人类变革项目旨在解决的问题。我们——我们是物种间的联系，必须发明新的词汇来阐明什么是自然界中的人类，学会阐明和实践一种全球政治，找到从自然工业化（资源开采）到工业生物化的途径，创造用生物技术取代人工技术的可能性。

如果我们成功了，那么像我们称之为新冠肺炎这样的构型——由病毒、蝙蝠、穿山甲和人类组成的可能构型，将不再是不合理地偏离人类与自然界边界的现象。这样的边界将不复存在。我们将成为"外面的世界"的一部分。

（本文由诸葛雯翻译）

02

疫情之后，人类社会向哪里去？

白书农

结构换能量

"三个特殊"

秩序

生命系统

生命 = 活 + 演化

认知决定生存

生本

权力与食物网络

秩序　　结构换能量　　认知决定生存

行为规范的是非标准的终极依据

自从 2020 年 1 月 23 日中国官方媒体宣布为应对新冠肺炎疫情而实施武汉"封城"措施以来，人类社会面临据称是有史以来第一次"真正意义上"全球化的危机。[1] 截至笔者写作的时间点，有统计数据显示，此次疫情导致的全球死亡人数已经超过 58 万，经济受到严重的冲击。伴随疫情的发生，不同国家国内矛盾频频爆发，比如美国的"黑命贵"（Black Lives Matter）运动；国际关系，比如中美关系以及美国与世界卫生组织的关系，也出现意料不到的剧变。表征社会繁荣的娱乐业陷入前所未有的萧条，人员交流急剧减少，各级学校关闭校园，改为网络授课教学，大量人口失业。此外，因医疗资源被疫情挤占和隔离措施的实施，很多慢性病人接受必需的常规治疗时面临很多额外的麻烦。一些著名学者和媒体人感叹，世界再也无法回到疫情之前。[2]

这场毫无征兆的剧变打乱了所有人的生活。人们原先熟悉的生活秩序被巨大的不确定性无序动荡取代。没有人知道明天会发生什么。人们难免要问，这一切为什么会发生？疫情及其引发或者伴随的社会动荡要到什么时候才会结束？如果疫情结束之后世界再也无法回到从前，那么世界会变成什么样子？

其实，回溯历史，人类何曾真正生活在静如止水的状态之中。经验表明，这个世界上唯一不变的就是"变"。如果仅就"变"而言，新型冠状病毒所带来的变化也不过是一种"变"。显然，人们在承认"变"是唯一的不变的同时，其实还对"变"的来源、影响和程度有一定期待。人们希望"变"由人的善良愿望产生，能为人类生活带来更多的便捷，而且在大众可以接受的程度上发生。

可是，这只是人类的一厢情愿。现实的情况是，"变"除了可以来自人的善良愿望之外，还可能来自"善良"之外的任何人类动机，当然还可能来自人类动机之外的任何实体存在要素[3]的改变。虽然目前有关新型冠状病毒的来源仍然莫衷一是，但大概率应该是超越任何人类动机的自然界实体存在要素的改变。毕竟，人类看似强大，可以上天入地，无所不能，但在整个地球生物圈中，人类所能控制的变量除了自己设计的机器之外，其实非常有限——常常连自己的意愿都无法控制，甚至连自己的意愿是如何产生的都说不清。

从生物学的视角看，人类本质上是且仍然是地球生物圈中的一个子系统。从目前我们所能够掌握的各种实验证据来看，人类与其他生命子系统之间最根本的差别，除了与其他物种的生殖隔离之外，大概就是人类独特的认知能力。

生殖隔离是地球生物圈中各个物种得以区分的普适边界。换言之，不同物种之间区分的最终指标在于不同居群之间是不是存在生殖隔离。存在生殖隔离的就被认为是两个物种。这在动物分类上是一个被广泛认可的指标。因此，人类与其他生物之间因生殖隔离而产生区分并不是人类特有的。但是，人类的认知能力与其他生物之间的区别就目前所知是其他生物之间所没有的。如果没有这种认知能力，人类可能至今仍然和其祖先在非洲时留下的其他表亲那样，作为那个区域的食物网络[4]中间层级中的一环而生存至今。

可是，出于迄今未知的原因，很可能是因为新基因的产生[5]，人类获得了独特的认知能力。这种能力不仅帮助人类走出非洲，走遍世界，而且帮助人类在所到之处各自独立地从与当地存在的不同物种互动中，形成了与其留在非洲的表亲完全不同的生存模式——从曾经和其他动物一样的采集渔猎模式，转变为农耕游牧模式。

没有人能够说清楚人类为什么会从动物世界历经上亿年演化所形成的采集渔猎模式转入农耕游牧模式。但从目前所观察到的，仍然保留了采猎模式部落的一些习俗，比如以捕捉到强健的头领动物为荣来看，向农耕游牧模式的转型很可能是人类因认知能力发展而提高捕猎效率之后的负效应：认知能力提高改进了居群成员之间的沟通能力和工具使用能力，从而改变了捕猎的模式，即可以通过捕捉强壮的头领动物来造成猎物居群的混乱，从而有更多的收获。

可是，这种捕猎的高效率模式打破了猎物居群的自我更新能力，造成人类最终无猎物可捕，只能陷入"吃草"的困境，即不得不定居且通过辛苦的耕种，或者蓄养动物并随动物逐水草而居来获取生存资源。虽然辛苦的农耕最终为人类生存提供了相比采猎更高效的生存资源获取模式，但最初转型的发生，大概率应该是一种无奈的选择。从采集渔猎到农耕游牧这种生存模式上的"变"，能为我们理解当下面临的"变"带来什么样的启示呢？

在 2019 年 3 月为博古睿研究院中国中心第一期"博古睿讲座"所做的题为"人是生物——人类变革的出发点"的演讲中，我提出了一个有关生命系统本质的看法，即"生命系统"的本质不是一种特殊的物质，而是一种特殊的物质存在方式。在这个看法中，"生命"这个概念其实包含了两个内涵。其中一个是"活"，即服从以"结构换能量"形式表现出来的热力学第二定律的"特殊组分在特殊环境因子参与下的特殊相互作用"（简称"三个特殊"[6]）。

其中，"特殊组分"所指的主要是碳骨架[7]分子；"特殊环境因子"所指的是地球所具有的温度、气压、与太阳之间的关系、地球化学组成（如水和其他不同形式的分子）等；"特殊相互作用"则主要指以氢键、疏水键等能态比较低的分子间力为纽带的相互作用。这种"活"的过程是一种可以自发形成的过程，即只要由碳骨架组分相遇所形成的由分子间力形成的复合体的能态低于组分独立存在时的能态，那么按照热力学第二定律，独立存在的碳骨架组分就可以自发地形成复合体[8]。可是，由于复合体是以分子间力为纽带而形成的，外来环境因子的改变有可能打破分子间力，造成复合体解体而组分回归独立存在的状态。

在条件合适的情况下，这两个独立发生的过程可以由复合体为节点被耦联起来，形成一个"结构换能量循环"（其中"结构"指复合体，而"能量"指碳骨架组分独立存在和以复合体形式存在所出现的能态的差值，以及打破分子间力所需要的环境因子扰动相关的能量）。在这个动态的"结构换能量循环（活）"的过程中，复合体不断地自发形成和扰动解体。不同组分之间形成的复合体存在概率会出现差异。最后存在概率大（适度）的复合体所耦联的过程会以更大概率出现，即"适度者生存"。这种"活"的"结构换能量循环"是生命系统的起点。

"生命"概念的另一个内涵是"迭代"，即在上述作为"结构换能量循环"耦联节点的复合体基础上，以共价键自发产生为起点的各种"三个特殊"相关要素复杂化的过程[9]。由于各种不同复杂程度的"迭代"到了多细胞真核生物性状改变的层面，其实基本上就是达尔文所说的"演化"，为了大家理解方便，我们也可以把追溯到分子层面上物理、化学变化的"迭代"称为"演化"。上述"生命"概念的两个内涵，如果用一个公式的形式来表示，就是：生命＝活＋演化／迭代。

从这个视角来看，任何"生命"过程，必须包含"活"这个内涵，而"活"本质上是一种开放的，以环境因子作为不可或缺的构成要素的特殊相互作用。一个生命系统，本质上就是由很多"三个特殊"作为连接而构建起来的、具有层级性的网络。生命系统呈现的不同形式，本质上是因不同的"连接"及其关联方式而形成的不同网络结构的外在表现。

如果上述对生命系统的解读是成立的，那么人类从采集渔猎到农耕游牧的生存模式转型，本质上无非是人类这种生物"三个特殊"运行过程中对周边存在的相关要素整合方式上的改变。具体而言，这种"整合方式"的改变主要是人类生存所需的基本资源的来源与获取形式的改变：人们在采集渔猎时代直接从周边自生自灭的动植物获取可利用部分作为生存资源，转而要通过对动植物的驯养种植，将驯养种植过程中动植物资源的增殖部分（比如农耕中的"一籽落地，万粒归仓"）作为生存资源。人类的食物不再是那作为种子被使用的"一籽"，而是种子生长后增殖的"万粒"。无论"三个特殊"的相关要素所发生的变化源自何处，这些变化的出现常常并不是人类所希望或者能够掌控的。

如果我们上文对人类从采集渔猎到农耕游牧的生存模式转型的解释反映了实际发生的情况，那么无论其转型的发生是由于猎物枯竭这个近因，还是人类认知能力发展这个远因，它们都不是人类所希望或者能够掌控的，更不可能是为实现预先设定的农耕游牧形式这种目标而努力的结果。变化的出现只是打破了原有的生存模式，为新的生存模式出现准备了条件。最终出现的是农耕还是游牧，其实是不同地区的人类，在他们各自存在的空间中因为对不同相关要素的不同利用方式不得不出现的结果——因为如果不是这样，这些人群将无法存活到今天。这正如犹太裔法国生物学家弗朗索瓦·雅各布在 1977 年一篇题为《演化与修补》（*Evolution and Tinkering*）的文章中所描述的"补锅"那样，无论用什么材料，只要能把锅的漏洞补上就可以了。[10]

如果对人类生存产生重大影响的变化，其诱因与结果都如上面所举的生存模式从采集渔猎到农耕游牧的转型那样，那么我们所能学到的恐怕是，一个生命系统的存在与可持续发展的关键，不在于追溯周边的相关要素出现变化的原因，而在于关注当下存在的各种相关要素中，哪些可以形成适度的维持系统运行的相互作用，从而使得这些"可能"的相互作用变成"现实"。

如同当年猎物消失了（无论它们是缘何消失的），人们无法坐等猎物种群的自然恢复，而只能寻求新的生存资源获取模式。这些有幸存活下来的先辈可能不曾想过，他们不得不"吃草"，居然使得人类最终在很大程度上得以突破食物网络的制约，成为地球生物圈中一个占据主导地位的物种。

从这个角度来看，新型冠状病毒所带来的疫情中，与人类这个生命系统运行相关的要素中哪些改变了，哪些没有改变？首先，在这个生命系统中发生的一个改变，是多出了一种新的病毒。因为它的不期而至，很多人失去了至亲，甚至有人失去了生命。这让大家更多地感受到了恐惧——因为无知与无奈而产生的恐惧。由于恐惧，人类社会这个生命系统的网络结构中原本不可或缺的"连接"——人与人的，尤其是人与其工作场所的，被人为地切断，比如各种不同形式与规模的封城/封校、各种人员接触的锐减。这改变了人类社会这个生命系统的网络结构及其运行方式。

没有人知道未来新冠肺炎疫情的走向如何，因此也没有人知道因新冠肺炎疫情而产生的恐惧能够和应该持续多久。无论此次新型冠状病毒会如 SARS 那样莫名其妙地消失，还是如流感那样在人类社会中"安营扎寨"，在因恐惧而不得不人为切断联系的社会这个生命系统网络结构中，当不同节点之间的

"连接"在可以重新关联时，人们究竟应该如同修复古建筑那样"修旧如旧"，或者说恢复旧日的好时光，还是重新构建新的连接，构建新的网络系统，让社会这个生命系统以新的形式运行，如同人类从采集渔猎转型为农耕游牧那样？无奈，新型冠状病毒带来的不确定性使得人们无法有效地评估这一点。

　　在人们感叹"再也回不到过去"时，其实可以反问一下："过去"的就是"好"的吗？如果答案不是肯定的，那么还可以进一步问："过去"的"不好"是因新型冠状病毒造成的吗？显然，那些看似因新型冠状病毒引发的各种矛盾冲突，实际上早已存在。只不过在病毒所带来的对既存社会运行模式的冲击下，被人为切断的那些"连接"相关的节点产生了新的连接，或者原本就存在、但被曾经的社会角色扮演而掩盖或者压抑的"连接"浮出水面，给这些存在已久的矛盾冲突一个机会爆发而已。

　　从这个角度看，这些造成矛盾冲突的问题既不是因新型冠状病毒而生，自然也不可能随新型冠状病毒而去。新型冠状病毒之所以对人类社会造成这么大的冲击，根本的原因是人类社会作为一个生命系统，其网络结构及其运行方式已经出现了各种不同的问题，很多"连接"及其关联方式已经无法有效运行。对于生物医学专家以外的社会大众而言，除了关注感染人数与疫苗研发等现实问题，更应该关注一下在疫情期间爆发出来的问题，包括没有爆发但实际存在的问题，究竟是哪些地方的互动关系不合适了，然后看看怎么能在不同的节点之间构建出新的"连接"，从而构建一个更具稳健性的新的网络结构与运行方式。

人们可以列举出一个长长的清单来梳理新冠肺炎疫情之前人类社会存在的各种问题。在这些问题中，哪些是最根本的且可以通过人为努力而加以调整的？对这个问题的回答与我持续近30年对一个现象的好奇与观察有关。

1991年，我刚到美国加州大学伯克利分校做博士后研究，注意到当地很多人都在讨论"多元化"。这对于当时的我来说，是相当有冲击性的。那时我的第一反应是，如果一个社会中"多元化"成为主导观念，那么当持不同观念的人出现利益冲突时，该怎么解决呢？当时认同"多元化"的朋友说，可以依靠法律。可是，法律所依据的法理不也是观念吗？这场讨论到这里就进行不下去了。在3年后即将离开美国之际，我又听到人们在议论萨缪尔·P.亨廷顿的"文明的冲突"。因为缺乏应有的历史知识，我当时完全没有理解人们为什么要讨论这个问题。

直到1998年到北京大学工作之后，因为在与研究生的互动中对他们"为什么要读研究生"心生好奇，我开始关注人的行为动机问题。后来，在一些朋友的影响下，我开始阅读植物生物学专业之外的书籍。这一切促成了我在2019年那场"博古睿讲座"上介绍的有关"人是生物"的观念。如本文前面提到的，这一观念认为，人类与其他生物最大的不同在于认知能力。这种不同导致人类演化走出了一条与其他生物不同的全新的道路，即"认知决定生存"。如果这种分析反映了人类演化的特征，那么"认知"在人类社会所存在的各种问题及其调整中的重要性究竟表现在哪里？

这要回到人类之外的生命系统，尤其是以动物系统的演化特点作为参照系，才能给出具有客观合理性的解释。就生命系统演化机制而言，到了真核细胞阶段，所有的真核生物不得不以"两个主体"的形式存在。一个主体是单个细胞（比如酵母细胞）或者单个多细胞生物（比如一只猫或者一头大象）。这些个体是整合周边"三个特殊"运行的相关要素、维持自身存在的基本单元，是"行为主体"。另一个主体则是由很多个同类的细胞（如存在于一个发酵面团中的很多酵母细胞）或者一群猫或者一群大象。这些居群中的个体可以共享基因库，通过共享基因库而维持 DNA 序列多样性，并以此来应对周边相关要素出现的不可预知的变化。

因此，居群而不是个体，才是物种生存的基本单元，是一个物种的"生存主体"。二者之间以有性生殖为纽带而关联起来。由于真核生物存在两个主体性（即行为主体是个体，生存主体是居群），对于作为三大类多细胞真核生物之一的、以取食作为实现"三个特殊"相关要素整合方式的动物而言（另外两类是植物和真菌），不可避免地面对一个困境，即作为行为主体的个体怎样才能有效地相互关联，组成一个可持续生存的居群呢？通过过去人们对动物行为模式的研究结果，我发现，动物居群的自我维持的机制可以被概述为"三组分系统"，即秩序、权力和食物网络制约。

动物居群自我维持机制的三组分系统中的"秩序"，是指个体的行为模式需要遵循一定的规则。居群中的个体作为行为主体，虽然理论上具有无限的自由度，但对于一个特定物种而言，如果每个个体任性而为，没有共同遵循的规则，则居群成员之间便无法有效关联，居群也就无法存在。"权力"是指在一个居群中通常会由头领来管理个体行为，即维持居群的秩序，从而维持居群的完整性。由于头领要承担维持自身生存之外的维持居群秩序的责任，非身强体壮者无法胜任。而身强体壮意味着其携带的基因具有更强的生存能力。因此头领借其身强体壮而占有交配优先权，可以加快优秀基因在居群内的传播，有利于居群的生存。"食物网络制约"则是指一个居群作为食物网络中的一个成员，在演化的过程中，其个体的行为与居群的秩序都是在与居群内其他成员和其他居群的互动中形成的，因此不可避免地会受到食物网络的制约。食物网络的存在，一方面界定作为其节点的特定物种 / 居群的"秩序"（比如个体的行为模式），另一方面制约居群中当权者的"权力"。

这三个要素形成一个良性循环，维持不同动物居群在地球生物圈中的自我维持与演化。

人类则走了另外一条道路。如前面所提到的，认知能力帮助居群成员更好地沟通，改变捕猎方式。结果是，捕猎效率的提高同时造成猎物消失，人类只好走上农耕游牧之路。随着人类认知能力的发展，动物居群自我维持与演化的三组分系统中三个组分之间的关系在人类居群中逐步出现改变。在人类与食物网络中其他生物的关系上，人类从依赖于其他生物的自我更新而获取生存资源，转变为基于认知而有能力干预其他生物的自我更新过程，通过为它们的自我更新增值而获取生存资源。人类甚至可以将对于其他动物来说一文不值的物品转化为可用于改善自身生存条件的资源，比如用土壤来制作器具。在这个过程中，人类逐步突破了食物网络（基于不同物种自我更新而相互依赖）对自身自我维持与演化的制约。这种突破在拓展生存资源范围的同时，使得原本动物世界可以有效维持居群可持续发展的三组分系统变成了双组分系统，只剩下"秩序"与"权力"这两个组分。

除了突破食物网络制约将原有的维持动物居群生存与发展所必需的三组分系统变成双组分系统之外，认知能力的发展还产生了其他效应。比如，认知能力作为一种形式的想象力，不断改变个体行为的方式，从而给居群的既存"秩序"带来了冲击。又比如，认知能力本身的虚拟特点改变了当权者[11]与居群其他成员之间的关系。在动物世界，维持秩序的当权者塑造的"强者为王"原则有利于作为生存主体的居群共享基因库的优化，并最终有利于居群的生存。人类发展到一定阶段之后，能够拥有权力就不再是身强体壮者的专利。

按照北京大学哲学系安乐哲教授的解释，"圣人"的特点是沟通能力强。繁体中文的"聖"字由"口""耳""王"组成，意味着沟通能力强的人可以称王，或者作为称职的王应该具备高效的沟通能力。[12] 可是，沟通能力并没有被"写"到基因组中被遗传。因此，当权者的沟通能力以及以维持秩序的名义所占有的额外生存资源，未必能为居群的生存带来正面效应。而且，与当权者上位相关的争斗也不再像动物世界那样总是与其履行维持秩序的能力正相关。再者，当权者上位之后要动用原本为维持秩序而被赋予的额外生存资源为其个人与家族谋私利，在居群内外其实也没有什么力量能对其加以制约。

所以，尽管认知能力发展对食物网络制约的突破可以带来拓展生存资源范围的正面效应，同时也产生了其他打破动物世界原本可以有效维持居群生存与发展的三组分系统的良性循环的副作用。可是，人类作为多细胞真核生物，其两个主体性并没有因认知能力的发展而改变。维持居群可持续发展的三组分系统被打破之后，在仅由居群所必需的"秩序"和维持秩序所必需的"权力"所构成的双组分系统中，"秩序"该如何界定，"权力"该如何制约，或者说个体与居群之间、居群与其周边其他物种之间的关系该如何处理，就成为人类生存与发展无法回避、不得不解决的一个重大问题。

人类需要一个参照系来界定秩序和制约权力吗？到哪里去寻找这样一个参照系呢？

从我们目前所知道的人类历史看，农耕在13 000年前就出现了，换言之，从那时起，人类社会应该已经开始进入双组分系统。可是，以雅斯贝尔斯所说的"轴心时代"作为标志的真正意义上的或者有体系的"人类文明"在距今2 500年前才出现。为什么在人类进入农耕文明一万多年之后才出现以"轴心时代"为标志的有系统的人类文明？从经验上或者理论上来看，双组分系统的运行只可能出现两种模式，要么如正弦波那样动荡，要么如一条直线那样停滞。从这个角度看，对于为什么从农耕文明开始后一万多年才出现"轴心时代"这个问题，一个可能的解释就是，人们在双组分系统下受够了动荡或者停滞，不得不为自身的生存，即居群生存所必需的"秩序"的界定和维持秩序的"权力"的制约寻求值得信赖的依据。

显然，突破食物网络制约的人类居群的规模已经不允许他们再退回到作为地球生物圈食物网络中层的一个节点的状态，将食物网络制约作为界定秩序和制约权力的第三个组分。他们只能利用自己的认知能力做新的尝试。

从现在能看到的历史记载来看，不同的社会做过不同的尝试。《汉穆拉比法典》显示，古巴比伦尝试过由当权者来制定行为规范。可是当权者总是要死的，后继的当权者如果改变这些规定，谁能阻止他们？他们又根据什么来改变这些规定？中国的甲骨文显示，殷商时代的中国人尝试过以占卜来寻求行为依据。这种尝试也因商纣王的统治被周武王推翻而宣告失败。大概如同把猎物消灭之后只有"吃草"者，即选择了农耕游牧的族群生存下来，在经历了双组分系统的动荡或停滞之后，那些在当下的"秩序"和"权力"这一双组分之外，寻求界定秩序和制约权力的第三种力量（可以称之为"寻找第三极"）的居群生存了下来。于是有了雅斯贝尔斯所谓的"轴心时代"。这看似"璀璨"的人类历史上的奇迹，很可能与农耕游牧的起源一样，不过是一种不得不的偶然。

那么，以"轴心时代"为标志的人类文明找到界定秩序和制约权力的第三种力量了吗？从雅斯贝尔斯的"轴心时代"分析，或者从汤因比的文明类型分析可以看出，不同文明的类型本质上都是根据它们对人们行为规范的是非标准的终极依据的选择来被辨识的。如果将这些不同的类型加以分析比较可以发现，人类历史上出现过的文明其实只有两大类：一类是从祖先那里寻求"行为规范的是非标准的终极依据"，可以称之为"祖先崇拜"或者是"人本"文明；另一类是从上帝那里寻求"行为规范的是非标准的终极依据"，可以称之为"上帝崇拜"或者是"神本"文明。这两种类型的文明都在人类的生存与发展中发挥过积极的作用，否则人类的历史很可能完全不是现在的样子。姑且不论这两大类文明各自是否达到了"寻找第三极"的目的，一个无法回避的现实是：伴随人类认知能力的发展而来的生存空间的扩张，导致原本在不同地域自发形成的文明类型相遇。不同文明类型中的人们在其各自社会内三组分系统重建问题还没有完全解决的情况下，又面临"人本"与"神本"这两种"行为规范的是非标准的终极依据"完全不同的文明体系之间如何共处的问题。其实这种问题很早就出现了。

康德有关"永久和平"的想法姑且不提，19 世纪中期兴起的巴哈依教和 20 世纪中后期孔汉思等人所提倡的"全球伦理"（global ethics）都试图从现有不同文明所共同推崇的伦理层面为全球化情况下人类的"行为规范"提供"是非标准"。可是，到了"终极依据"层面，其实仍然各不相让。时至今日，在因互联网的普及而导致快速全球化的时代，如果作为同一个生物学物种的人类不为自己寻找普适的、具有客观合理性的"行为规范的是非标准的终极依据"，即为秩序的界定和权力的制约提供具有客观合理性的"第三极"，在新冠肺炎疫情的应对策略及其效果上所暴露出来的矛盾与冲突，包括各自文明系统之内所暴露出来的矛盾与冲突，是无法得以真正解决的。从这个意义上，兴起于 20 世纪 90 年代的"多样性"与"文明的冲突"的讨论，恐怕都无助于化解当下的社会矛盾与冲突。

在人类作为一个生物学物种的历史上，各种疫情总会发生，但也总会过去。所有的疫情在发生时总会给当时的社会带来冲击。但有的疫情过去之后，原来的社会就瓦解了，比如16世纪导致阿兹特克帝国灭亡的欧洲瘟疫；有的疫情过去之后，社会发生了翻天覆地的变化，如14世纪在欧洲诱发文艺复兴的黑死病；还有的疫情过去之后，社会仍然在固有的模式下继续运行。按照人类目前所拥有的技术能力，当下的新冠肺炎疫情迟早会过去。

但上面提到的因为"第三极"的缺失而存在的、在原有"人本"或"神本"框架下所无法解决的矛盾和冲突会因疫情的过去而消失吗？没有可能。那我们应该怎么办？对于关心人类共同命运的人而言，与其为疫情陷入无谓的焦虑，不如认真思考与探讨从哪里去寻找超越"人本"或"神本"框架、可以为全球化的人类社会提供"行为规范的是非标准的终极依据"，或者说是为界定"秩序"、制约"权力"而重构具有良性循环的三组分系统的"第三极"。在我看来，既然人是生物，认知的源头也是人类作为生命系统所出现的特殊属性，那么人类的生存与发展终极而言不得不服从生命系统的基本规律。

我们知道，细胞化生命系统包括真核细胞出现至今已经有10^9年（10亿年）的历史，而人类文明才10^3年（千年）级别的历史。地球生物圈在人类出现之前已经运行了二三十亿年，维持生命系统生生不息、使得人类得以出现的基本规律，应该可以为人类寻找"第三极"提供不应忽略的启示。生命系统不是一种特定的物质分子，更不是一种抽象的观念，而是一种特殊的物质存在方式。生命系统这种特殊的物质存在方式依赖于分子间力的相互作用，是在不断分分合合的动态过程中的一种可被人类辨识、相对稳定的中间状态。这种以生命系统的基本规律作为人类"行为规范的是非标准的终极依据"的观念体系可以被称为"生本"。"生本"具体到行为规范和是非标准层面上该如何表述，这超出了本文篇幅所允许的范围。但它为我们界定人类社会的"秩序"、制约维系秩序的"权力"提供了一种全新的思路。或许这将不仅有助于解决当下的矛盾与冲突，还能帮助人类作为地球生物圈一个负责任的成员来创造一种全新的可持续发展的文明。

（感谢美国霍巴特和威廉史密斯学院的周景颢教授为本稿提出的意见和建议。本文有关生命系统特点的更为详细的描述，可参见博古睿中国中心推出的"睿"在线内容平台的"白话"专栏文章。）

1　Dialogue with Jared Diamond—Global Pandemic and Crisis Manage-
　　ment［EB/ OL］.（2020-07-01）. https://www.berggruen.org/ideas/
　　articles/dialogue-with-jared-diamond-global-pandemic-and-crisis-man-
　　agement/.

2　FRIEDMAN T L. Our New Historical Divide: B.C. and A.C.— the
　　World Before Corona and the World After［N/OL］. New York Times,
　　（2020-03-17）. https://www.nytimes.com/2020/03/17/opinion/coronavi-
　　rus-trends.html；KISSINGER H A. The Coronavirus Pandemic Will For-
　　ever Alter the World Order［N/OL］.Wall Street Journal,（2020-04-06）.
　　https://www.wsj.com/articles/the-coronavirus-pandemic-will-forever-al-
　　ter-the-world-order-11585953005.

3　维护实体存在的要素有很多，比如阳光、水、氧气、二氧化碳、各
　　种金属离子，以各种不同形式存在的糖类、脂肪、蛋白质、核酸
　　等。在人类的感官经验中，最直观的是由上述这些组分构成的各种
　　食物。

4　食物网络，又称食物链网或食物循环，是在生态系统中生物间错综复
　　杂的网状食物关系。实际上，多数动物的食物不是单一的，因此食物

链之间又可以相互交错相连，构成复杂网状关系。

5　ZHANG Y E, LANDBACK P, VIBRANOVSKI M D, LONG M. Accel-
erated Recruitment of New Brain Development Genes into the Human
Genome. PLoS Biol, 2011, 9（10）: e1001179. https://doi.org/10.1371/
journal. pbio.1001179; ZHANG Y E, LANDBACK P, VIBRANOVSKI
M D, LONG M. New Genes Expressed in Human Brains: Implications for
Annotating Evolving Genomes. BioEssays: news and reviews in molecu-
lar, cellular and developmental biology, 2012, 34（11）:982–991. https://
doi. org/10.1002/bies.201200008.

6　BAI S, GE H, QIAN H. Structure for Energy Cycle: a Unique Status of
the Second Law of Thermodynamics for Living Systems. Sci. China Life
Sci. 61（2018）, 1266–1273. https://doi.org/10.1007/s11427-018-9362-y.

7　组成细胞的最基本元素是碳元素。碳原子间可以通过氢键相结合，也
可以通过双键或三键相结合，形成不同长度的链状、分支链状或环状
结构，这些结构被称为有机物的碳骨架。

8　按照热力学第二定律，封闭系统中自发过程会按照自由能梯度，按
由高向低的方向进行。做一个不恰当的比喻，有点儿像"水往低
处流"。

9　同注释6。

10　JACOB F. Evolution and Tinkering［J］. Science, 1977, 196（4295）.

11　当权者，即管理者，此处指在一个居群中通常会由头领来维持居群
的秩序，从而维持居群的完整性。头领要承担维持自身生存之外的

维持居群秩序的功能。

12　直播回放 | 博古睿讲座 10 温故而知新：儒家常识遇见人工智能革命［EB/ OL］. 博古睿研究院中国中心，（2020-07-01）.https://www.berggruen.org.cn/video/146.

03

从新冠肺炎疫情反思高科技崇拜

张祥龙

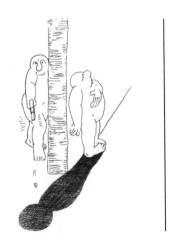

高科技崇拜

科技多元

充分对象化

科技多元

高科技崇拜

充分对象化

适度技术

参与抗疫的中医

适度技术

自新冠肺炎疫情暴发以来，笔者与亿万国人一样，终日忧心忡忡，盼望"拐点"到来，祈祷疫情消退。2003 年，我们经历了"非典"，举国震荡。但这次的疫情看来更加凶猛，病毒更加难驯，传染性也更强。值此时刻，除了做些力所能及的预防举措之外，笔者深居宅中，却不能不思考这类疫情一再出现给予我们的某种警示。截至本文写作时 [①]，笔者看到了不少带有各种倾向的相关评议，但将这种瘟疫现象与高科技崇拜关联起来的，似乎还未见到。

首先，我们要承认两个事实：第一，疫病是人类历史上经常出现的灾害；第二，源于西方的高科技，尤其是医学和药学领域的高科技，在近现代是抵御威胁人类的某些疾病的一种利

---

① 本文初稿写于 2020 年 3 月。同年 7 月下旬及 2021 年 3 月做了少量修改。此文与笔者的另一篇文章《适生科技与高科技》有部分内容重合。

器，比如青霉素之于炎症感染，各种疫苗之于传染病，手术之于白内障、阑尾炎、牙疾、外伤、难产，等等。总的来说，现代医学的高科技及其相关认知（比如有关疾病来源和公共卫生必要性的认知）有力促进了人类寿命的延长 [1]，毋庸置疑是人类取得的重大成就。但是，事情还有另外一面。如果将这些高科技奉为相关领域的唯一真理，排斥其他科技 [2] 和知识，则会陷入高科技崇拜，而这种崇拜对于中华民族乃至人类的生存是不利的，甚至是危险的。本文想结合这次新冠肺炎疫情来论述这一判断。

基于上述所言，读者应该已经明了，笔者并不反对高科技本身，对这种高科技的积极成果也给予了高度评价。笔者认为，需要批评和抛弃的，仅仅是对高科技的崇拜。接下来，笔者将主要回答这样一些问题：什么是"高科技崇拜"？高科技为什么能取得如此出色的成果？高科技的局限在哪里？高科技崇拜带来了或将可能带来什么危险？这种局限和崇拜在这次新冠肺炎疫情中有什么表现？高科技独大的状态如何能够转变为适度科技的广泛运用？

什么是高科技崇拜？

首先，什么是高科技？从字面上讲，高科技就是高端的、先进的、前沿的科学和技术。但从其实质内容上讲，高科技是被充分对象化的、能较快地产生新奇效果——新的生产力、商业利润、诺贝尔奖项，提高科技"异人"的名声，从而提升持有者对自然、对他人的控制力和影响力的新科技。一项科技产品，越是被精确地对象化，也就是数量化和系统形式化，就越容易成为一种具有改造自然事物和人际关系的力量和手段。中医与西医的差异就能很好地说明这个问题。时至今日，西医对于人体和疾病的看法已经相当对象化了。西医认识人的身体主要通过解剖学，由此而得知人体组织、器官、体液和神经网络运行的知识；后来又发现了细胞、细菌、病毒和基因这些更精细的对象，并通过它们来解释人体的形成和疾病的成因及治疗。特别是基因的发现，被视为人类获得了理解和改造生命体（包括人体）的"钥匙"。与之不同，甚至在某些方面相反的是，中医虽然也有自己的有效研究方式，基于阴阳五行、五运六气等理论和假说，充满了时间化或时机化的理解，但它对人体的认知不是精确地对象化或物理空间定位化的。中医对"五脏六腑"的认知，也不等同于解剖学意义上的脏器（这曾成为中医被攻击不科学的理由之一），更多的是功能性的、交叠式的或全局意义上的认知。经络基本上是非对象化的，但又是真实的人体存在，将它还原到某种身体对象上，比如"细胞—缝隙—结缔组织—血管—淋巴—体液（内分泌—免疫）—神经多元系统"，即便有所帮助，也替代不了中医原本范式中直观自明的经络理解。中医通过脉象知晓身体状况和病情，也不是对象化的因果关系可以合理解释的。至于五运六气等时间化的学说，就更与对象化思维挨不着边儿了。所以，中医不是高科技。

又比如，古代中国人发明了由硫、硝和炭组成的黑火药，这看似是一种对象化研究的成果，但实际情况也不尽如此，它与西方人对火药的发明和运用很不同。华夏古人很早就用硫和硝来治病（故称之为"药"），后来道士为追求长生，使用这些药材炼丹，在这一过程中随机发现了黑火药。之后，黑火药在中国被用于制造杂耍和马戏中的烟火效应，或辟邪和庆典用的爆仗烟花。再后来，黑火药才开始被用于军事，但因未得到充分对象化的研究，其威力不大，很难被精确运用于武器的快速发射和强烈爆炸中。这一情况并未得到朝野的强烈关注，所以这种火药在中国也没能主宰后来的军事发展。中国古代有过许多发明，都是这样不经意地任其作为对象消失了，这是华夏古人的思维方式和价值观所导致的，他们对充分对象化的科技有某种本能的和理性的警惕及忽视，无论儒家还是道家，皆是如此。黑火药经阿拉伯人传到西方，影响了西方人的经验感受。但西方人以更加精准对象化的方式，创造了现代火药。它起源于1771年英国的P.沃尔夫所合成的苦味酸，这是一种黄色结晶体，"黄色火药"的名称便由此而来。在100多年中，火药经诺贝尔等人多次改进，越来越可精确对象化，在现代科技的互联系统中，演化成能够用于机枪、自动步枪、开花炮弹、火箭弹的现代火药，可杀生如麻、炸洞削山。

　　毋庸讳言，到目前为止，高科技源于西方，也就是欧洲和北美洲。高科技的方法就是将被研究者加以精密地、系统地对象化，通过预构的假说和实验检测的结合来发现新的突破点。所以，它的理想研究范式是古希腊开创的数学，比如《几何原本》，既有形式化的精确性，又有可计算的推演性和可核查性。当然，为了能够将触角伸向物质自然界，它需要反复实验，但这些经验实践服从于数理化和理论模型化的研究框架，并以此区别于其他文明中产生的"经验性的"科技（这种判断并不准确，下面将论及）。

　　其次，什么是高科技崇拜？它是这样一种思想倾向和意识形态，即将高科技当作每个领域、事项的唯一真理，要向全世界无条件地推行，同时将在同一领域和事项中的其他研究或实践方式视为异端邪说，起码是非真理，一定要排斥、打倒而后快和心安。这种崇拜的历史来源或思想方式的来源，主要是西方宗教对于唯一至上神的崇拜。这种宗教坚信自己是关于这个世界和人生的唯一真理，信仰者有责任将其向全世界传播；同时全力排斥其他宗教，包括它们内部的对手，视之为魔鬼唆使的异端邪说。当西方近代科学，比如哥白尼的天文学出现时，他曾遭到天主教教会的严酷迫害，布鲁诺还为此被烧死，但当这种科学和技术取得当年天主教教会的统治地位时，某些人，尤其是一些哲学家乃至政治家就扮演起了教会神父或宗教裁判的角色，宣称高科技的真理垄断权，以及那些不同于它的另类科技的低劣性、虚假性（伪科学性）及有害性。用《旧约》中的话来讲，他们捍卫的是"一个嫉妒的神"（《旧约·出埃及记》，20：5），绝不会容忍信徒们还同时信奉其他的神或替代品。简言之，虽然这些崇拜高科技的人的具体主张与天主教会的主张不同甚至对立，但两者的思想方式是一致的，都是唯我独尊、非此即彼，要争个你死我活。有些科学史家还有根有据地做了这样的论证，即西方近现代科学的出现与西方宗教之间有某种内在关系。[3]

有的人会说，科学与宗教的本质是不同的，科学可以被经验证实，从而造福人类，但宗教不能。宗教也许会反唇相讥：科学发现只在某些领域被（暂时）证实有效，但在那些关乎人生大节的事项上，比如人生意义的获得、做出重大抉择的价值依据、屡遭挫折时的信心重建等，科学的学说是无效的，而宗教的真理性却被无数的人生经验证实。

科学史表明，一个时代的科学真理，可能被后来时代的新发现修正，甚至在某些要点上被推翻，比如牛顿力学被相对论修正，平直空间的设定被推翻。量子力学的某些发现，更是颠覆了以往的多个科学真理，连爱因斯坦当时也接受不了。这表明，所谓通过高科技掌握的真理，并不是绝对意义上的真理（如果那意味着完全符合实际并因此能给人生带来幸福的话），而只是一些会给掌握高科技者增强力量的知识和技术。所以，高科技崇拜所真正崇拜的并非真理，而是力量，而且是不断增强的力量，因为高科技实际上是永远还不够高、总要更高的科技。

高科技为什么能取得如此出色的成果？

按照目前通行的衡量标准，相对于其他文明和文化的科技，高科技取得了更令人瞩目的成就。其原因何在？前面讲到，高科技通过科学假说和实验检测的结合来运作，而科学假说中浸透了西方形式化数学的精神。所谓经验中的实验检测，甚至某种意义上的科学假说，是各种科技都会实施和提出的，只有假说中的"西方数学因素"为高科技所独有。"数学因素"[4]，是指让人能做一种自己与自己玩（总有新的组合可能，可判定输赢成败）的形式化游戏的结构。因此，它具有一种内在于形式的推衍能力，让科学假说可以探伸出超经验的预设触角，比如根据某种引力异常推想并计算出某个地方可能有一颗行星，根据某些理论预设推衍出光线穿过大引力场会产生某个角度的偏斜。这样一来，即便后来实验的结果大多不是肯定性的，但从整体上看，这种假说引导下进行的实验一旦应合，其所达到的新奇和随机引发的深度，是其他类型的实验和经验尝试无法抗衡的。这种数学因素深刻影响了整个高科技探索的进程，即便某些学科，比如18—19世纪时的生物学和医学，当时还不能充分体现数学形式。这就是康德讲的"人为自然立法"的格局。人通过所谓先天有效的数学形式和概念化因果推理，形成能够对自然进行精确对象化发问的科学理论和实验设计，在反复的检测和理论修正乃至革新中，严刑拷问自然，逼它吐露出在别的情况下本会隐藏的秘密。所以，科学探索和技术发展在这种研究范式中就不只是对经验的观察、归纳、消化、联想、提炼乃至慢慢体会（如广义的博物学），而是主动的和残忍的（想想那些在动物活体上所做的实验吧）定位逼问。因此，它获得的成果——不论是正面的还是反面的，都是更加突出的、充分对象化的、总无止境的（绝无"止于至善"这一说）和惊人的（如果不是令人惊恐的话）。

高科技的局限和高科技崇拜的障眼术

上面的讨论让我们看到，高科技的可怕创新力量建立在它的偏执之上。数学因素既能出奇，又体现出偏执，它让人只看到形式突出者的存在和价值，而且倾向于 $A \lor \neg A$（不是甲就是非甲）的二选一架构。以科学假说加极端化的实验来拷问自然，居然就能拷问出来，本身当然是了不起的成就，却违背了人们的常识，这其中的关键还是数学因素。数学这种似乎是自恋的——直观自明的纯形式化棋艺游戏，却可以透露出茫茫宇宙和大千世界的某种关键信息，对于日常经验的视野而言，实乃不可思议之事。古希腊的毕达哥拉斯提出

"数是万物的本原"，却没有讲出很中肯的原因。康德在《纯粹理性批判》[5]中对此给出的理由是：数学是人类感性直观的纯形式（空间和时间）表达，而人类只能透过这种形式应对世界，就像你永远戴着一副有色眼镜。如果有一种知识，也就是数学，它能展示这副眼镜（首先是镜片）的内在构成机理，那么对你了解世界的秘密肯定大有帮助，起码能够给出重要提示。再者，这种直观纯形式通过将先验的想象力[6]与知性概念结合，更有助于形成对世界的先天预想或预感。可惜的是，康德后来感到这种先验想象力的中心地位对于观念化理性或统觉的学说形成威胁，就大大压低了它，以至于堵塞了人们对它的深入探讨。[7]

可见，康德的回答尽管很有启发，但也有重大疏漏。说得更具体些就是，断定西式数学是感性直观的纯形式的唯一表达，以及牛顿物理学是对物理因果关系的唯一表达，就失之独断。比如，他以欧几里得几何作为空间纯形式的唯一呈现，对于他虽然是自明的，就像那时说"过直线外一点只能做一条平行线"是自明的一样，但后来非欧几何的发现表明，几何可以不止一种，过直线外一点可能做出不止一条平行线。虽然这种疏漏似乎只是在西式数学和科学之内，但这种根底处的反例（结合库恩的"范式"说）还是显示出，康德所谓的"先天"有效范式，或人认知世界总会带有的"必要偏见"，并非一元化的，也不必是形式化数学的。只要能形成"研究范式"[8]，具有某种形态的推衍力，那么就有伸展出理论预设从而引导实验的能力。比如，数学可以不那么形式化，就如中国的《九章算术》所显示的，甚至《易》象数也是一种有某种先天推衍力的架构。而且，"范式"包括但不同于具体的研究方式，它的规范形式是自涉的和全方位的，即它本身就包含着对范式的规范，并没有一个标准能衡量所有范式的优劣。可见，不同的研究范式有不同的长处和短处。高科技研究范式的长处是数理形式化、精准对象化、强力化、竞争化，推崇这些长处的标准（比如"更高、更快、更强"）也属于此范式，因此以往另有一些范式，比如儒家的、道家的、佛家的、泛神论的，甚至亚里士多德的，并不赞同这样的标准。

由此可知，"先天"[9]并不等于"唯一"。人并不是神，并无超越其生存方式——生理结构、所用语言、所处环境、所承文化、所临挑战的完全透明的认知方式，总有本能和际遇造成的先天前提或先天色调。科学家也是活在其境况或"生活形式"（维特根斯坦）中的人，因此任何科学研究也必有其先天预设或研究范式。但如上所析，构成此先天预设的时空间的纯形式或纯象，是非对象化的，因此绝不会纯粹到只有一种表达形式的地步。"先验想象力"构造的"纯象"（reines Bild, pure image）[10]或"图式"（Schema）超出了可对象化（包括观念对象化）的形式，就像纯三角形超出了任何具体的三角形（但还不是概念），也超出了欧氏几何乃至任何几何范式所规定的抽象三角形。我们甚至可以问：难道三角形只能是二维、三维，而不能是四维和五维的吗？"再生的想象力"达不到超三维者，但"先验的、发生性的想象力"就有可能。

高科技崇拜完全盲目于科技研究范式的多样性，将高科技吹捧为科技中的唯一真理，打压其他科技，将高科技带有的天然的甚至从某个角度看是合理的偏执，加以意识形态化和观念固化，从而阻断从其他角度研究自然的合理可能。

高科技成果对于人类来说，有时是危险的，甚至是极度危险的，比如一些化工产品（塑料、杀虫剂、毒气等），以及废气排放、热核炸弹、各种污染垃圾（包括核废料）、纳米材料、基因改造、超级人工智能（还有待实现）等，这一事实目前在有反省力的知识界几乎已是尽人皆闻的常识了。其他科技范式，比如中国古代科技、古埃及科技、印第安科技，虽然也能大致满足当时的生存需要，但不会带来这种危险。而且，随着高科技的"总要更高"本性的驱使，它未来的产品会更加具有改造世界基本结构的力量，也就更加危险。但高科技崇拜让人看不清楚这种危险的紧迫性和致命性，或者让人相信，这种危险即便有，也只能靠更高的科技来解决，绝无用其他科技来替代或部分替代以解决问题的可能。这就相当于说，一拨官僚犯了贪污和滥用职权罪，但只能靠他们自己或他们所属的机构来改正。简言之，高科技崇拜压抑了人们的先验想象力，将其束缚于现代性和高科技范式所创造的形象和价值结构之中。甚至可以说，这是一种闷裹住人的本源思想自由的新宗教裁判所。

新冠肺炎疫情中的高科技及高科技崇拜

这次新冠肺炎疫情暴露出高科技的一些局限，特别是高科技崇拜的一些漏洞。首先，在"非典"出现仅仅十几年后，与之类似的病毒再次引发大规模疫情，这说明高科技面对威胁人群的新疫病，还缺少有效的预防措施和治疗办法。对于疫情，高科技事先没有提供明确的预警，即便在新冠肺炎疫情出现后，除了行政上的颟顸霸道使防控不力之外，高科技本身也有问题，比如一些国家的高科技专家在疫情初期还自信地宣布"可防可控"，或者宣称"戴口罩作用不大"。但疫情很快就失控，导致封城、封区、断航、停工、停学等一系列特别强力措施的实施。而且，高科技目前还不能提供可直接消灭该病毒的特效药和针对性疫苗。不久的将来，疫苗或应对药物可能会被开发出来，但已经错过了有效防控疫情的最佳时机。在许多情况下，这并非科技人员无能，而是由高科技的特点决定的。精确对象化的研究方式要求对象出现后，而且是被仔细（比如基因层次上的）辨认后才能研究，但传染病的病源不是完全可对象实体化的。你可以用疫苗控制甚至消灭天花，较有效地应对霍乱、疟疾和血吸虫病，但病原体是活物，它们中的一些会随时间推移而变异，适应新的医药、人体环境，产生所谓的耐药性，所以我们在高科技的视野中还看不到消灭所有疫病的可能，甚至看不到有效预测和防控重大疫情的办法。

关于这次疫情的起源，至今也没有确切的说法。从表面上看，它先在中国的一个省份暴发，又在其他不少国家出现，但一些追溯性的研究显示，导致疫情的病毒在更早时段就已经存于世间。这种扑朔迷离的状况说明，高科技并非万能，它在对付不那么充分对象化的生命体时，就会捉襟见肘。我们常听到这样的声音："这是个该让专家解决的问题。"但问题是，专家们对这样的问题常常也莫衷一是，以致一些别有用心的政客可以利用其中的某一说法来翻云覆雨。而且，高科技制造出的快捷运输工具和由此带来的全球化流动，不仅助长了疫病传播的速度，而且使追溯病毒来源更加困难。

其次，曾经有过这样的传言，即引起这次疫情的新型冠状病毒是人工合成的。至于是由谁合成的，目的何在，则有不同的版本。本文作者曾经看到、听到过一些报道和音视频资料，由一些不乏声望的科学家、病毒专家出面，看似证据确凿地论证这样的断言。后来又有 28 位科学家联名写信，否认了这一论断。无论此传言是真是假（我个人一直倾向于后者），都表明了一个现实：现在的高科技有能力，起码很有可能制造出新型冠状病毒甚至更加可怕的病毒。那些专家做肯定或否定的论证时，只是在争论新型冠状病毒是不是人工合成的，而不是在争论现有高科技是否能够造出它来。这就又说明一个问题：高科技有能力制造出可以大大伤害人类的东西，却没有能力有效及时地克制它（见上面的讨论）。这就非常危险！而且，这种不对称的情况看来是广泛存在的。20世纪以来，人类能够制造原子弹，但一直没有找到消除核战争的生态恶果和处理核废料的持续可行的有效手段。人类能够开发像石油这样的化学燃料，能够制造千百种化工产品，比如天文数字的塑料袋，却没有多少科技能力来消除温室效应、石油海上泄漏和化工产品对人类、土地、水和空气所造成的长期的、不可逆的污染恶果。此外，高科技将有能力改变人类的基因，却不知如何处理这种高科技超人与正常人类的关系，更不知如何让超人活得幸福。高科技将可能造出能力强大的人工智能，却不知如何让它只造福人类而非致祸于人类。"机器人三定律"（出自阿西莫夫）一类的规则，其本身就可能自相矛盾，加上更多的辅助定律，则会让情况变得更复杂难测。一句话，高科技有能力制造天使和恶魔，却没有能力把恶魔关到瓶子里去。

再次，由于高科技医学对于人体充分对象化的研究角度，它的治疗方案绝大多数是针对病原体和发病器官的，采取的是直接对抗，即"上帝对抗魔鬼"的策略，也就是杀灭病原体（或激发抗体以杀灭之）和切除患病部位等"战争化"策略。这种策略在一些情况下是必要的，也很有效，但注定存在重大缺陷，因为充分对象化的应对方式跟不上生命时间的流变，比如上面提及的病原体变异以及形成耐药性，就是高科技医学无法测度和有效对治的。而且，这种治疗方式还会产生两个不良后果——辨识疾病，尤其是流行性传染病越来越困难，以及用药和手术的毒副作用。总会有新的病原体及其变异体出现，所以辨别眼前的疾疫现象到底属于哪种病会越来越烦琐、专业和困难，需要经过长期培训的专业人员和高端设备。尤其是传染病流行期间，如冬春季之于流感、"非典"和新冠肺炎，在蜂拥而来的患者体征中有把握地区别出它们，及时发现新出现者或有重大威胁者，以便行政部门能够采取决断措施，这是相当困难的。这次新冠肺炎疫情刚出现时，（比如在美国）就曾被视为流感而忽视，后来被某些敏感者发现异状，"吹哨"示警，但因仓促间视之为"非典"而遭到忽视。即便有医生，如张继先医生辨识出这是一种新疫情并且上报（2019 年 12 月 27 日），但因无法马上判断出关于这种病的确切（充分对象化）信息，以致并没有能够突破各种病情噪声，也就没能决定性地影响专业权威和行政决策，导致疫情在三周内急剧扩大。张文宏医生在最近的一篇文章中谈及这种困境，[11] 但他所提出的改进建议只是要按国际标准建立感染科和临床微生物科，让我们已经很强大的疾控直报系统更加强大，"把敌人阻断在第一线，而不是全城暴发后才让疾控来收拾"。如果国家财力雄厚，建立这些科室，加强有关人员的培训，的确可以增强拉警报的能力；再配合以对疫情暴发点的严格管控，的确是一种有效的临时应对办法。[12]但这是否能从根本上解决以上所谈及的那些对象化研究和治疗的痼疾？基本上不可能的，至少是存疑的。

至于高科技医学的另一个问题，即用药和手术的毒副作用，也是触目惊心的。比如，癌症手术及术后的化疗会破坏人体免疫力。一些病需要患者终生服药，这样也容易使副作用积累成患。虽然包括中药在内的各种药物几乎都有副作用，但由于高科技药物大多针对专门的病源对象，更加难以考虑整个身体的需求，所以副作用应该更大、更强。对于人体这种有灵性的活体而言，"只赚不赔"的买卖并不存在。中医药强调要关注人的身心整体活性（阴阳相交而产生的元气），诊断和用药的时机性强，对象性弱，方剂讲究药物之间"君臣佐使"的互补搭配效果，还重视"治未病"——治疗或预防那些还未对象化的疾病，所以总体而言毒副作用应该小很多。中成药的应用如果只是像西药那样刻板，有些的确会产生不容忽视的毒副作用，但它们在中医的原本范式中是可以避免或弱化的。

这次新冠肺炎疫情中的高科技崇拜体现得也很明显。首先，防控系统基本上，甚至可以说完全是高科技化的，比如以上所引张文宏的文章所反映出的情况——虽然此系统屡有差池，但人们还是坚持高科技体系的一家独大，在关键问题或判断上不容其他科技插手。网上流传一段视频，显示在 2019 年 6 月 27 日中国中医科学院组织的一次会议上，中医医生和学者王永炎院士在正式发言中预测："下半年特别是在冬至前后，也就是连续到明年的春季，要有温疫发生。"[13] 2019 年冬至是 12 月 22 日，根据现有信息，武汉疫情第一例病例出现于 2019 年 12 月初（冬至近前），正式暴发于 2020 年 1 月（紧接冬至后）。现在看来，这一在事情发生半年前做出的预测，起码就瘟疫暴发的时间而言，是基本准确的。关于瘟疫持续的时间（"到明年的春季"），现在看大致也是不错的。如果此次疫情在中国持续到了夏季甚至秋季，此点预测就有纰漏[14]。

对此，《新京报》等立马发出了严重置疑的声音[15]，称其为"神预测"或"神秘学的预测"，与"科学预测"完全不同。《新京报》的刊文中提出了区别两者的标准："这种科学预测，是基于明确掌握的规律，通过系统整理总结和进一步研究给出预言，科学家们会写成论文，从最基础的数据、知识梳理成体系，按照逻辑过程展示给同行看，对其中的难点要点还会反复解释和讨论。而且，这些都是可以质疑、检验的。"[16] 但这些标准并不能完全否定王永炎院士的预测，因为根据网上另一篇文章[17]所说的，王永炎院士的预测也是基于明确掌握的、有数据支持的规律，只是它不是高科技的规律，而是中医学的阴阳五行和五运六气的运行规律，有其证据和知识，也可以被质疑和检验（上面的陈述中也已含有）。至于反复解释、讨论和写成论文，中医学内部当然可以进行，也应该进行。可惜的是，王院士这个预测似乎没有配以详细的相关研究和论证，这也是它受到忽视的一个原因。不过，即便如此，也并不能说明中医的研究范式不能做出科学预测，只能说明目前中医研究力量的缺乏。如果王院士的预测受到它理应得到的关注，那么就不但会在中医学界中，还可在跨范式的学者间得到认真的研究和检测。

《新京报》的那篇文章便代表了目前极为流行的高科技崇拜的基本特点，即以科学的名义来垄断科学的解释权，从而败坏了科学最终要向经验事实开放的性质；对于与自己异质的"他者"或非高科技的科技，一概以杀伤力很强的"神秘"甚至"原始神话、宗教故事到民俗传说"来混淆。它对王永炎院士的预测进行了如下的排斥："相反，神秘学的预测，不会明确告诉你规律是什么，也不会把基本原理掰开揉碎了给你看，只有事后你自己尽可能朝向已经发生的事情靠拢解释。所以神秘学预言对未来无任何意义。"我在前面已经论说，王永炎院士的预测对未来（我们正处在这未来之中）是有重大意义的，如果它受到了理应受到的合理关注，还会有更重大的意义。但让人痛心的是，无数这类本来具有或会具有意义的观测和发明，都以如此堂皇和蛮横的理由被排挤和扼杀了。只是由于这次疫情影响巨大，高科技的应对到目前为止又不很得力，所以王永炎院士的预测才进入了公众视野。

此外，鉴于之前应对"非典"的经验，这次中医比较早就介入了新冠肺炎疫情的诊断、治疗和预防，至今看来起到了与高科技不同但不容忽视的积极作用。[18] 例如，据一篇报道所述，北京地坛医院的"中医药治疗方案不仅对轻型、普通型新冠肺炎患者有效，而且对重症患者也取得了一定疗效。经初步分析，单用中药对症治疗有效率为 87.5%，中西医结合有效率为 92.3%"[19]。其他多家医院和多个地区也报道了类似的或明显的成效，如广东、浙江、四川、山西、云南。在湖北武汉亦如此。在武汉参加抗疫的中医专家张伯礼院士于 2020 年 2 月 28 日接受采访时说道："现在不但所有方舱医院都在用中西医结合治疗，包括金银潭医院、武汉肺科医院、武汉协和医院重症病人也开始中西医联合会诊，较多患者使用了中药。目前在武汉，中药使用率由 2 月初的 30% 上升到超过 80%。"[20] 又比如，黄璐琦院士在武汉通过一线临床观察发现："通过中西医结合，轻症患者胸闷等不适症状消失较快，重症患者治疗周期缩短，中西医结合的平均住院时间小于西医治疗时间。"[21] 根据较近期（2020 年 6 月初）的报道，从总体上看，"新冠肺炎患者确诊病例中，超 90% 使用了中医药。临床疗效观察，中医药总有效率 90% 以上"[22]。

张伯礼院士如此解释中医药的抗疫机制："现代药理学研究表明，不少中药具有解热、抗炎作用，可改善患者发热症状，控制肺部炎症扩散，促进炎症吸收，起到多方面、多途径、多靶点的作用。此外，在抗病毒的同时，中医药干预的优势还在于可调节人体免疫功能，激发机体自身防御能力。"[23] 他这是在用高科技的术语甚至思路来解释中医抗疫的效果，体现了"中西医结合"。如果这种"结合"没有像过去的某段时间那样，以牺牲中医的研究范式、降低中医为辅助性的医药库为代价的话，那么在被高科技崇拜打压的处境中，这也不妨是中医这种另类医学为了生存而采取的一种策略。但中医学理解和治疗这类疫情有自己的独特范式，也就是有自己的一整套理论、思路、术语、诊断、用药和检测方式，与高科技有质的不同。比如，中医师刘力红谈及他在武汉抗疫的体会时，就完全从中医的研究范式来辨证和表述了。他从舌苔征象判断病体属"湿症"，从脉象上判断此疫病以"肺上的痰浊"为共性，又通过张仲景《伤寒论》中"合病及两感"的思路来理解，等等，然后得出治疗方案，比如"四逆法""附子""针刺"。[24] 简单说来，高科技医学对待疫病的方法类似于现在流行的对付夏季洪水的思路，即建大坝、水泥堤岸、排水管道，旨在堵截和排掉；中医则近乎对于江河湖沼的亲水性调节，或俞孔坚教授等人讲的"大脚革命"（指放开束缚河沼的"裹小脚"策略）或"海绵城市"的致思方向，当然中医有更长久和独立得多的历史和更丰富的内涵。从目前的现实情况看，两种乃至多种思路和应对策略都是必要的。

　　总之，异质于高科技的中医在这次疫病的预测、诊断、治疗和预防中，都有独特的不俗表现，在一些方面（比如预测方面）起到了高科技起不到的作用，在其他各方面也有着不可替代的独特功能。中医之所以能够取得这些成绩，与中医理论和实践中含有的非对象化、阴阳时机化的维度密不可分。比如，王永炎院士做预测所依据的"五运六气学说"[25]，就是基于阴阳五行观的、含有生命时间的非对象化向度的理论。又比如，刘力红建议的针刺或针灸法，也以经络这样的不可充分对象化（解剖化）的存在预设为前提。至于中医的切脉、方剂等，也是充满了时机性、身体的当场感受性的疗法。当然，它们也都有对象化的向度，也就是在适当的时机和场合实现为症状辨别、药物运用和治疗效果评估等具体对象的事项。所以中医不止于"治未病"，对于已然形成的疾病乃至重症（比如这次疫情中的重症病人）也有应对之策。如果能够充分尊重中医自身的研究范式和历史传承，那么在目前的状况下，有机的、灵活的和相互平等的"中西医结合"，再加上藏医、蒙医等各种医书的多元结合，的确是一条比单个的西医或中医应对方式更佳的防控疫病的路线。可见，医学领域中高科技崇拜的主张——唯有高科技医学掌握了关于人体的真理，中医等另类医术根本不是科学，甚至是有害的江湖邪术——是错误的，坚持它们带来的只是危险和灾祸，而不是繁荣和强大，更不是和谐与久远的美好生存。

高科技如何能转变为适度科技？ [26]

什么是"适度科技"（appropriate science-technology）？从根本上说来，适度科技就是最适于地方社团乃至整个人类的总体生存的科技。讲得更清楚一些就是，从时间角度看，这种科技让人们可以最佳地结合当下急需和长远未来的利益；从方法上看，它既可以是对象化的，又可以是非对象化的；从它促成的生活质量上看，它使人们能够将安全与舒适、物质（生理）与精神、保守与进取（或传统与创新）、简朴与丰富、自然与人为等，最大限度地相互嵌入和糅合起来，从而体验到一种美好的生活。比如，造就都江堰水利工程的思想和技术，就是适度科技；《农政全书》《天工开物》《黄帝内经》《伤寒论》《本草纲目》中的许多技术和知识，如果结合地方实际情况运用，也是适度科技。从以上的讨论可知，高科技本身并不是适度科技，它并不能给我们带来这样的生活，反而由于它的某些特点，尤其是高科技崇拜，会让我们丧失这种生活的可能性。

以上还讲到，高科技有其强大之处，但也有其无能和危险之处，如果能够善用之，则会参与适度技术的构成，造福于人。但要善用它，首先就要破除高科技崇拜，让别的科技平等地参与进来，这样才能弥补它的缺失，克制它的毒性，就像中医方剂让不同性质的药材（有的单用时有毒）相互生克，从而达到最佳效果。然而，"平等"这一条，在高科技崇拜流行的时代是很难实现的。这次疫情防控中，无论是国际还是国内，对于中医的怀疑、误解、否定和抹黑一直大量存在。只是由于中医这20年来在抗疫中的出色表现，这次中医更多地介入了主流诊治。但按张伯礼的已经很温和的判断，相比于"非典"，"中医药介入（虽）已明显提前，但提前量仍有不足（以上一条引文言及，2月初中药使用率只有30%）。同时，虽然有了中医定点医院，但数量及床位仍较少，缺乏系统全面的中医诊疗体系"[27]。要知道，中医在近现代遭受了深重的歧视和来自知识界主流的抹黑，险些像它在日本的命运那样，被完全取缔，[28]后来又被迫进行"一边倒"的中西医结合，由此导致了中医药总体上更趋于弱势。中医在国家医疗事业中占有的资源和比重，乃至享有的容错空间，与高科技医学相比，差距极大。造成这种不公正也不科学的状况的主要原因之一，就是高科技崇拜。所以，要恢复中医乃至各种当代还有益的传统科技，比如传统的天文学、数学、农学、绿色耕作法、传统手艺、食品加工、纺织布艺、金属冶炼及加工的元气，让它在未来发挥更大作用，就必须首先深刻反省这种崇拜的谬误，去除高科技及其意识形态一家独霸和排斥异己的恶习，让"和而不同"的思想和实践不打折扣地进入科技界。

当然，这些传统科技的复兴不只是复旧，而是要相互借鉴，包括适度地吸收高科技的某些方法和技术，以创造出特别能适应当下和未来的适度技术。中医要选择性地汲取西医的某些东西，如对人体的解剖知识和药材的微观认识，技术上更是可借鉴许多（如手术、治牙、注射、生命支持术等），但这绝不等于20世纪推行的"中医科学化""中药有效成分化"，因为那样会使中医和类似的传统科技丧失自己的思想生命。"适度地吸收"意味着既要向高科技开放，又绝不能开放得被打散、被收编，而是要保持自己的研究范式，也就是自身的哲理、理论、话语、方法、实验的完整独立性，由此而具有自主选择权，也就是由自己来决定吸收什么，不吸收什么，乃至抵制什么，绝不能"被吸收"，即被强迫着吸收那些足以扼杀自身范式的东西，比如用高科技的组织解剖化人体理论来代替阴阳五行、运气经络的理论，用CT（电子计算机断层扫描）等对象化诊断方式来顶替望闻问切的传统方式，完全用西式大学和西式医学界的方式来教育、培训和鉴定中医师。

而且，一个社团或一个国家乃至人类共同体，要有选择使用何种科技或何项具体科技的能力和权利。它们不能被高科技崇拜绑架，不能一看到能提高人对自然和他人控制力的高科技新产品，就觉得采用它们是硬道理，就像电脑、手机、应用软件和网络的不断升级似乎是逼迫人接受的硬道理一样。要设立

"科技反垄断法"，消除和避免某一种科技独霸所有研究资源和思想空间的状况，其中要包括旨在阻断部分科技研究与商业利益串通一气的条款。人们要通过这种以及相关的一系列措施，逐步改变社会和政治单位的科技态度，也就是从高科技崇拜转变到科技多元和适度科技的生存策略和发展道路上来。

在建立有科技选择力的社团方面，北美洲的阿米什人迈出了可贵的一步。[29] 他们为了维护自己的信仰和家庭完整性，毅然拒绝许多高科技，比如汽车、电话、电视、电网、拖拉机等，至今还身着古式服装，驾马车出行，用畜力拉犁，手工制造服装、布艺和木器，由此而保障自己社团的互助互爱，赢得了社团中年轻人的心。所以，与几乎所有 20 世纪以来研究者的预言相左，这种"逆高科技崇拜的历史潮流而动"的阿米什人的社团不但没有消亡，反而有了可观的发展。比如，其人数从 20 世纪初的数千人扩展到这些年的近 30 万人。而且，他们并不是完全拒绝新科技，而是接受其中少许于己无害的科技，比如有机农业、依次分块牧养牲畜、温室培育等，或将一些利大于弊的科技，如低级电脑，经过改造（不允许电脑上网和玩电子游戏）后为我所用；在必要时，如某种加工需要时，使用非电网的自产电力。不过，由于他们缺少自己的比较成熟的科技范式，所以选择、改造和创造新技术的能力和信心还不够强。在笔者看来，他们拒绝的高科技似乎多了些，改造的方式少了些。如果他们有自己的科研机构和科技人员团体，各个居住区之间多一些联系，则在抵御高科技崇拜、驯化某些高科技和创造自己的合用科技方面，会更有成就。这样就更有可能赢得稳定的适度科技，也就更利于自家社团的长治久安。

总而言之，高科技可以被改造为适度科技，前提是要打破高科技崇拜，调整我们的经济和社团的运作方式，乃至主流价值观，不再将争夺强力当作头等大事，而是将真实的——全生态的、伦理的和生活意义的可持续生存摆在首位。这样一来，其他的科技，特别是那些有着悠久文明传承的、被证明利于长久生存的绿色宜人的科技，就能够获得它们应有的地位和存在空间。这次还在进行之中的新冠肺炎疫情进一步提醒我们，科技的多元化和适度化，对于中华民族乃至人类的长远生存，是必要的和急需的。

注　释

1　使现代人类，尤其是经济发达国家民众的平均寿命延长的原因，除了高科技医学外还有许多，比如生活条件（食品、住房、环境、教育）的改善，闲暇时间增多，养生知识和实践在一定程度上被普及，战争减少。

2　非西方文明或文化中产生的关于自然的知识，比如中医、藏医、古巴比伦和古埃及的天文学，是否可被称为"科学"，这是个有争议的问题。本文为了行文方便，也基于作者的相关认识，对此问题持肯定的答案和态度。所以，我们可以说"古代中国的科技""印第安人的科技"等。当然，它们有别于"高科技"。

3　彼得·哈里森.科学与宗教的领地［M］.张卜天，译.北京：商务印书馆，2016；彼得·哈里森.圣经、新教与自然科学的兴起［M］.张卜天，译.北京：商务印书馆，2019；米歇尔·艾伦·吉莱斯皮.现代性的神学起源［M］.张卜天，译.长沙：湖南科技出版社，2012.

4　海德格尔于《现代科学、形而上学和数学》中提出了"数学因素"（das Mathematische，the mathematical）这个思路。海德格尔.海德格尔选集［M］.孙周兴，编译.上海：上海三联书店，1996：847—884.

5 康德.纯粹理性批判［M］.邓晓芒，译，杨祖陶，校.北京：人民出版社，2004.特别是"先验要素论"中的第一部分和第二部分的第一编。

6 同上，A78，A101—102，A118。

7 海德格尔.康德与形而上学疑难［M］.王庆节，译.北京：商务印书馆，2018.特别是其中第三章。

8 托马斯·库恩.科学革命的结构［M］.金吾伦，胡新和，译.北京：北京大学出版社，2003.关于"科学研究范式"的含义，参见该书第二章和第五章。

9 本文中"先天"的含义是"先于实践经验"，包括但不等于"生下来就拥有"。

10 海德格尔.康德与形而上学疑难［M］.王庆节，译.北京：商务印书馆，2018：118.见边页码或德文版第104页，译者对"reines Bild"的具体翻译是"纯粹图像"。

11 张文宏复盘新冠肺炎：中国传染病防控体系穿越寒冬［EB/ OL］.（2020-03-04）. https://www.thepaper.cn/newsDetail_forward_6323478.他写道："目前中国疾控的直报系统非常强大，……比世界上大多数国家都厉害。但这个系统经受不起大量垃圾信息的摧毁。比如说，每年各地都报了大量的病毒性肺炎，一个冬季，每个城市至少数万例吧，你说这个系统还过来帮你一一鉴别，最后告诉你是流感、疱疹病毒、呼吸道合胞病毒、腺病毒……，这是不现实的。"

12 到目前（2020年底）为止，中国在这方面做得相当到位，取得了让世界瞩目的成就。——重校此稿时新加注释。

13 引自《王永炎院士真的通过五运六气预测出疫情了吗？》，作者夜雨星风，首发于"形而中学"站，引自"知乎"网站（https://zhuan lan.zhihu.com/p/108198076?from=groupmessage）。这条消息的真实性可以确认，网上、报纸的多个渠道都交叉证实了它，至今也没有看到有关的辟谣。

原话是这样说的："要观天地之象，观万物生灵之象，观疾病健康之象，所以今年大江以南，暴雨成灾，厥阴风木司天已经描述了太虚元象，上半年是比较和缓的，下半年特别是在冬至前后，也就是连续到明年的春季，要有温疫发生。"

另有一则声称是陈国生于 2011 年做的预测，事后证明是谣传，当事人自己也否认了。

14 从目前（2020 年 7 月下旬）情况看，此次疫情在中国于春末前已经被控制，虽还有局部和短暂的反复，但已经说不上流行了。但是就世界范围，尤其是美国、巴西、俄罗斯、印度等国而言，则仍然处于流行期。——修订本文时新加注释。

15 孙正凡.中医院士预测"瘟疫发生"：科学还是巧合？［N/OL］新京报，2020-02-22. http://www.bjnews.com.cn/opinion/2020/02/22/693251.html ?from=timeline&isappinstalled=0.

16 同上。

17 董洪涛.王永炎院士预测"冬至前后瘟疫发生"：科学还是巧合？［EB/OL］.（2020-02-22）.https://baijiahao baidu.com/s?id=1659

202793364317590&wfr=spider.

18　这方面迄今已经有了较多报道。例如，张伯礼院士：中医在抗疫中已经在发挥重要作用（附预防策略）［EB/ OL］.（2020-01-30）. https:// www.sohu.com/a/369568462_99960267；荆文娜.战疫情，中医药勇当急先锋［N/OL］.中国经济导报，2020-03-05（6）.http:// www.ceh.com.cn/epaper/uniflows/html/2020/03/05/06/06_39.htm；　重磅！张伯礼：人命关天，中西医共同起作用把病人命保住了才是第一要义！刘力红：一线诊疗体会到此次疫情"应针药并用"是有现实意义的！［EB/ OL］.（2020-03-02）.https://xw.qq.com/cmsid/2020 0302A087IN00.

19　荆文娜.战疫情，中医药勇当急先锋［N/OL］.中国经济导报，2020-03-05（6）.http://www.ceh.com.cn/epaper/uniflows/html /2020/03/05/06/06_39.htm.

20　重磅！张伯礼：人命关天，中西医共同起作用把病人命保住了才是第一要义！刘力红：一线诊疗体会到此次疫情"应针药并用"是有现实意义的！［EB/ OL］.（2020-03-02）.https://xw.qq.com/cmsid/20 200302A087IN00.

21　荆文娜.战疫情，中医药勇当急先锋［N/OL］.中国经济导报，2020-03-05（6）.http://www.ceh.com.cn/epaper/uniflows/html /2020/03/05/06/06_39.htm.

22　白剑峰，王君平.中医行不行？经历者讲述中医抗疫故事，疗效才是硬杠杠［N/OL］.人民日报，2020-06-01（19）.http://paper.people.

com.cn/rmrb/html/2020-06/01/nbs.D110000renmrb_19.htm.——修订本
文时新加注释

23　张伯礼.发挥中西医结合在疫情防控中的作用［N/OL］.人民日报，
2020-02-21（9）. http://paper.people.com.cn/rmrb/html/2020-02/21/
nw.D110000 renmrb_20200221_2-09.htm.

24　重磅！张伯礼：人命关天，中西医共同起作用把病人命保住了才是
第一要义！刘力红：一线诊疗体会到此次疫情"应针药并用"是有
现实意义的！［EB/ OL］.（2020-03-02）. https://xw.qq.com/cmsid/
20200302A087IN00.

25　"百度百科"的"五运六气"条目云："运气学说的中心内容。以十
天干的甲己配为土运，乙庚配为金运，丙辛配为水运，丁壬配为木
运，戊癸配为火运，统称五运；以十二地支的巳亥配为厥阴风木，子
午配为少阴君火，寅申配为少阳相火，丑未配为太阴湿土，卯酉配
为阳明燥金，辰戌配为太阳寒水，叫做六气，从年干推算五运，从年
支推算六气，并从运与气之间，观察其生治与承制的关系，以判断
该年气候的变化与疾病的发生。这就是五运六气的基本内容。"

26　关于这个话题的讨论，还可参见拙文：技术、道术与家——海德
格尔批判现代技术本质的意义及局限［J］.现代哲学，2016（5）：
56—65.特别是该文章的第五和第六部分。

27　荆文娜.战疫情，中医药勇当急先锋［N/OL］.中国经济导报，2020-
03-05（6）. http://www.ceh.com.cn/epaper/uniflows/html /2020/03/05
/06/06_39.htm.

28 邓铁涛，刘小斌．中医近代史［M］．广州：广东高等教育出版社，1999．

29 张祥龙．儒家通三统的新形式和北美阿米什人的社团生活——不同于现代性的另类生活追求［M］//宗教与哲学（第 5 辑）．金泽，赵广明，主编．北京：社会科学文献出版社，2016：237—251．

04

"生生"观与共生思想：契合
天地人的哲学？

宋冰

天地人

生生

万物一体

行星哲学

共生

万物一体

天地人

生生

共生

行星哲学

万物一体

新冠肺炎疫情发展至今已夺去 450 多万人的生命。这场病毒全球大流行加深了已然存在的全球性挑战，如治理体系失灵、经济增长放缓、社会撕裂和地缘政治纷争等，也深刻改变了我们对这些问题的思考和研判。这场病毒大流行还会在更深层次的哲学意义上，改变我们对人类生存境况的认识吗？

博古睿研究院在 2020 年发刊的思想性杂志 *Noema* 上指出，人们回溯历史，会将新冠肺炎疫情视为一场"伟大的加速运动"和"认识论上的临界点"，它"从根本上撼动了所有固有的观念"。[1] 德国哲学家马库斯·加布里埃尔指出，"新冠肺炎疫情揭示了 21 世纪主导意识形态的系统性弱点，即我们一直坚信只依赖科技进步即可推动人类和道德进步"。他呼吁来一场"形而上学大流行"，以唤起人类社会对全球意识的全新认识。[2] 在未来的几十年，我们势必遇到更多的全球性危机，对构建新的全球意识的需求只会更加迫切。这些危机可能源于新的病毒袭击、气候变化、核危机以及其他无法预见的人为或自然灾难。

温斯顿·丘吉尔的一句名言，"永远不要浪费一场好危机"，近年来已成为陈词滥调。从"危机"一词，我们可以窥见，面临危机，思考险境带来的机遇和突破深深植根于中国文化基因之中。鉴于此，对人类基本价值观进行更深入的思考正当其时，这种思考既可以激励我们迎接当下的挑战，又可以迫使我们前瞻并思考如何为人类和星球上其他生命形式带来可持续的繁荣。

在这篇文章中，我从对中国本土哲学的精神特质有决定性影响的"生生"观和万物一体的理念中寻求灵感，并指出它们是如何支持和塑造了近几十年来中日学界热议的共生思想。在我们思考人类未来愿景时，共生思想或许才是契合天地人的哲学。

"生生"与生死

"人命关天""活着就是硬道理""好死不如赖活"等是中国人日常生活中常见的表达。它们在抗疫期间的日常交谈和社交媒体上一而再，再而三地出现。这种强烈的生存欲望的文化根源是什么？它从哪些方面揭示了中国人的生死观？从理念上来说，这种强烈的生存欲望的来源无疑是中国哲学的智慧源泉——《易经》中的"生生"观。创作《易经》的圣人仰观天象、俯察地理，近取诸身、远取诸物，洞察自然力量的消长和人事的变迁，得出"生生"（即持续的生发和永恒的变化）是宇宙万物的基本属性。天地是自然生命力的最崇高和最伟大的力量，给予并维持万物的生发与繁衍，即所谓"天地之大德曰生"[3]。

中国本土哲学流派从大自然源源不断的创造力和"生生"的观念中汲取了治理人类社会的灵感。儒家规劝人们效法"天"（乾）去不断成长和创造，追求理想的模范人格，即君子。道家则重视"地"（坤），因其具有不朽、滋养万物和无私的品质。效法"地"可以培养出支持和滋养生命、与自然合一的品格。简而言之，"生生"颂扬生命、生存、创造、给予、繁荣、延续和共存。

"生生"思想对中国人的生命观产生了深远影响。这一点在儒家思想中可以找到最强有力的表达。儒家思想不强调个体的独立存在。相反，个体被视为源于祖先的生命与血脉延续。人们有义务永续血脉，代代相传。换句话说，个体的生命只是相互联系的生命链条中的一环，而生生的精神就体现在这绵延的命脉相续与世代承继之中。这种理念也合理化了我们熟知的中国人的传统与社会实践，如祖先崇拜、孝道以及父母对子女教育和职业发展的焦虑与高企的期望值。现代著名思想家梁漱溟就指出，孔子赞叹"生"的话很多，如"天地之大德曰生""天何言哉？四时行焉，百物生焉，天何言哉""唯天下至诚，为能尽其性；能尽其性，则能尽人之性；能尽人之性，则能尽物之性；能尽物之性，则可以参天地之化育；可以参天地之化育，则可以与天地参矣"。他认为，理解了"生"就可以领会孔家的全部学说。[4]

儒家思想的核心教义植根于人与人之间的关系，它歌颂生发的力量，肯定生命和日常存在。"生"的影响无处不在。中国当代杰出的哲学家李泽厚将这种肯定生命的文化态度称为"乐感文化"，它的着重点是这个世界（此岸）的家庭关系，强调人的积极性，并赋予人类影响周遭自然的本体论地位的创造力。[5]这种生活态度影响中国人养成不断自我更新、乐观积极的心态。在对比中西哲学异同之时，国学大师、浸淫中西哲学比较分析多年的赵玲玲指出，中国哲学的出发点和主要议题是"求生"，即人如何保生、善生、长生久视，与西方哲学源于好奇心的"求知"形成鲜明对比，因此演绎出了不同的价值观体系和对生命的态度。

虽然儒家及中国人普遍强调生存、生命和生命延续的人生态度，但这并不意味着对死亡视而不见。人们常常说"向死而生"。这表明了一种态度，即与耽染于不可避免的事件（死亡）的讨论相比，它更加鼓励人们积极主动地面对力所能及的当下生活，学习、自修、自强不息，做到"仰不负于天，俯不怍于人"。这种态度促使人们积极投入和欣赏世俗生活。[6]死亡不应让生命变得空虚从而失去精彩。相反，正因为不可避免的死亡，生命才变得更充沛、更丰富。或许大众并不知道"向死而生"也是德国哲学家马丁·海德格尔（Martin Heidegger，1889—1976）的重要哲学概念。然而，中国人对"向死而生"的理解，虽然也强调人类选择有意义或充实的生活的重要性，但并没有海德格尔哲学所包含的存在主义的"孤独"、"焦虑"或"断裂"之义。[7]

与儒家鲜有讨论死亡以及"不知生，焉知死"的态度相比，道家对生与死的看法意趣迥然。道家思想根植于道生万物、自然至上的宇宙观，认为生死乃道之自然法则。因此，人类的存在或生存有赖于人类取法自然，秉持克制、顺应和柔弱，而不是依靠攻击、霸蛮和不死不休的固执。前者通向生存、接续和繁荣，后者则导致断裂、夭折与毁灭。庄子则更是以超然、挑战乃至幽默的态度大谈生死。他认为，气聚则生，气散则死，生死相继，生死一体，死亡只是人类生命形态向另一种生命形态的转变，乃自然造化，有何堪忧？换一个角度看，死亡就像四季更迭，是自然消长的体现。于是，庄子在其妻去世时，"箕踞鼓盆而歌"，慨叹生命形式如季节转换般运行以及大自然的变动不居。

一方面，以庄子为代表的道家哲学家对人与自然万物的生死持超然的态度。另一方面，受到道家哲学思想启发、结合了民间习俗和信仰的道教又是一个贵生、崇生的宗教，通过练就内丹、外丹，发展出保养人身机体，寻求长生不老的强大传统。这也契合了大众对活泼生命的渴望和"生"的精神。道教的核心原则就是"生"，道与生的统一，即生道合一。终其天年而不夭，甚至长生不老是道教追求的目标。因此，道教发展了令人眼花缭乱的修行方法，包括招魂术、占卜等，旨在促进个人的健康、长寿甚至永生。外丹术在历史上毁誉不一，因为很多人非但不能因此延年益寿，反而还因各种金石药物丧命。内丹则以它特有的冥想和摄生益寿法（如功夫、静坐和太极），在中华文化中至今仍然非常受欢迎。"生"的文化是中国人精神和大众信仰的重要组成部分。讨论与实践"养生"也成为中国人乐此不疲的全民消遣娱乐活动。

总之，"生生"是中国哲学的支柱性概念，它深深植根于中国的哲学体系，沁入中国人的生命观、思维方式和整体价值观体系。一方面，中国文化中留存了寻求生存、此岸生活的乐趣和追求长寿与生命延续的强大基因；另一方面，中国人又受道家的影响，能够达观地将人类不可避免地走向死亡这一事实视为转化为其他生命形式的自然现象。这种一方面求生，另一方面相信生死循环的观念造就了中国人强大的生存精神、韧性和面对逆境时的乐观主义。

生物共生理论给人类的新启示

哲学家和人类学家托比·李思从新冠肺炎疫情对人类的影

响中得到启发，主张对人的重新定位在于把人放回自然之中。他认为，我们并非生活在人类世，而其实一直生活在微生物世：新冠肺炎疫情提醒我们，从病毒的角度来看，我们与其他宿主没有什么不同。李思认为新冠肺炎疫情是一个大型"无差别事件"，它对"现代性的本体论"提出质疑。[8]"现代性的本体论"的前提就是人类作为自然界中唯一有理性思维能力的存在，具有至高无上的地位。此时此刻，我们人类应从非人类世界的角度，从人类作为自然一部分的角度，重新思考自己，努力形成"以地球而非种族或物种为中心的'我们'的观念"[9]。

人类从对自然的假设和自然规律中汲取灵感、制定社会政策的做法由来已久。在此不得不提近现代史上令人汗颜的一页，即达尔文的自然选择进化论被利用，为近现代史上的种族主义、优生学和殖民主义提供"合理"的"科学"的依据。虽然社会达尔文主义在二战后声名狼藉，但"适者生存"和"零和博弈"的竞争思想在今天的全球政治当中仍然是主流观点。然而，新冠肺炎疫情提醒我们注意一个显而易见的事实：病毒无差别地对待不同种族、民族、信仰、意识形态及民族国家；人类不同族群之间相互依存，我们需要在发现、遏制和解决全球危机方面相互守望、帮助。

其实，数百万年来，人类和病毒一直存在依存关系。一方面，病毒需要以我们为宿主，从而生存、复制与传播。另一方面，病毒在人类进化史上起到了推动作用，它们将永远伴随人类物种延续、生存与推进。不幸的是，尽管我们因为热爱群居、社交、全球旅行而成为有效的病毒宿主，但是我们显然不是它们唯一的宿主，人类对大自然的依赖远甚于大自然对我们的依赖。人类唯一的特殊之处或许是，我们拥有得天独厚的、精妙的认知能力。我们能够反思自己的弱点，并从经验和大自然中吸取教训，为我们未来的生存和繁荣做出预测与调整。

那么，我们应该如何改变我们的思维呢？与其从达尔文进化论中吸取教训，我们或许更应该从普遍存在的生物界的共生现象中寻找灵感。德国微生物学家和真菌学家海因里希·安东·德巴利（Heinrich Anton DeBary）受希腊语启发，于 1879 年创造了"symbiosis"（共生）一词，用于描述"两种或多种不同生物以互利共生、寄生和共栖等关系生活在一起"的生物现象。[10] 在 20 世纪初，当西欧仍然沉迷于达尔文的进化论时，俄国生物学家则进一步发展了共生的概念，并提出共生起源理论：两种或多种生物以共生关系结合，有可能产生新的生物。[11]科学界主流长期以一种异样的眼光看待共生学。然而，过去几十年，生物学家找到了越来越多的证据，证明不同生物之间普遍存在着相互交换养分和能量的共生共存现象。共生演化理论最有力支持者之一是林恩·马古利斯（Lynn Margulis）。她的研究表明，"从原核生物与原核生物的共生关系中，出现了真核生物。从原核生物与真核生物的共生关系中，产生了更具竞争力的真核生物。在真核生物和真核生物的共生关系中，又产生了多细胞生命"[12]。近年来，植物学家苏珊·西马德（Susan Simard）对森林和树木的研究也推翻了以个体竞争求生存的森林生态论假设。她的研究表明，森林里的真菌联结了所有植物种类，碳、水、养分、植物预警信号以及激素通过这种遍布地下的真菌网络传输。西马德认为，一个成熟林是个古老、巨大与精细的社会，而不是冷峻、孤傲、以抢夺资源而求生的生态系统。在这个社会中，有冲突，但更多的是相互依存、取舍，充满联结、沟通甚至"利他"的行为。[13]

总之，到目前为止，大多科学家都认为共生是自然界普遍存在的现象，有些甚至认为共生在新物种的进化创新中发挥了至关重要的作用。达尔文进化论强调斗争、对立、零和竞争和适者生存，而共生假说的核心是相互依赖、相互关联、权衡取舍、共存和共同演化。马古利斯在她1998年出版的一书中就推测，"我怀疑，在不久的将来，人类作为一个物种，需要重新定位，与在地球微观世界中先于我们存在的伙伴实现融合"。[14]的确，事实上我们不仅越来越认识到这种融合，近几十年来，共生理论也为人类健康、生态和环保运动提供了理论支持和认识上的启发。

生物共生与共生演化理论揭示的共存、相互嵌入、相互依赖、竞争与交融的规律在东方社会也引发了回响与共鸣。这些回响与共鸣唤醒了人们对几千年哲学思想的重新认识，提出了广泛应用于人类社会与政治生活的共生思想。

"共生"思想、"生生"观与一体论

　　"共生"何时开始广泛用于中国的社会与政治生活已无从可考。但是"共生"一词在当代中国已是妇孺皆知，甚至有些陈词滥调了。无论是讨论国际政治、生态文明，还是商业竞争态势，甚至办公室政治，"共生"常常被挂在人们嘴边。在中国，自 2000 年以来，一些学校甚至已经将共生思想引入通识和社会课程。[15] 国际关系学家也在尝试发展共生国际体系理论，强调各国应相互理解、保持克制，积极参与国际事务，互惠互利，相互学习，追求共同繁荣。[16]

　　在日本，共生（tomo-iki）也是个使用频率很高的词和理念。在东亚文化的语境中，共生似乎早已是平常百姓的关切。虽然已是百姓日用，但我们未必知道这个理念在传统思想中的来源。我认为，东亚文化中的共生思想来自传统哲学中的"生生"智慧与一体论。首先，如前所述，"生生"意味着出生、再生、永续发展和变化。这种世界观显然与不同生物之间的共生共存现象有奇妙的契合与呼应。哲学家方东美阐述生之理为"生命包容万类，绵络大道，变通化裁，原始要终，敦仁存爱，继善成性，无方无体，亦刚亦柔，趣时显用，亦动亦静"。他进一步指出，"生"代表的宇宙生命力蕴含五种意义，即"育种成性义、开物成务义、创进不息义、变化通几义以及绵延长存义"，《易经》称之为"生生"。它是一种宇宙普遍存在的生命力，内在于人类、动物和植物等所有事物中。[17]

在日常生活中品味生命的活力，与自然界感同身受，对中国文人来说有着强烈的审美和诗性魅力。宋代新儒家周敦颐有一段广为流传的佳话。朋友问他为什么不除窗前草。周敦颐回答说："与自家意思一般"，也是为了"观天地生物气象"。周敦颐体悟到人与小草皆为天地化生，欣赏这种谦卑生命形式体现出来的顽强、蓬勃生气，涵泳于万物一体、大自然所展示的生命之乐。这种对其他生命形式的审美和诗意的情感以及与自然融为一体的诉求在中国文人绘画与诗歌中比比皆是。即使在今天，在紧张与忙碌之余，在努力寻找内心清静和反求诸己的片刻，这别具一格的文人情怀仍然备受中国人的珍视。这些将自然视为有机生命并认为自然与人为一体的观念也顺理成章地为今天反思人与自然的关系和生态伦理提供了认识上的启发。

对中国思想家来说，宇宙不仅仅是自然现象或物质环境。它还蕴含道德启示，启发人类思考应有的社会规范与治理框架，并在人类情感中唤起深刻的美学共鸣。既然统摄所有包括人在内的各种生命形式的是生命力，以及对生存、延续和繁荣的追求，那么人类社会价值观体系就应该以"生生"观为根本。从这一观念出发，必然得出以下结论：所有人类的生命、非人类的生命甚至非生命的事物都应该得到相应的推崇、尊重和关照。

"生生"理念强调共同创造和共存，但这并不意味着不同生命形式之间没有差异、竞争或紧张关系。就像生态世界一样，演化是一个"分歧与整合的互补过程"。[18]共生本质上是不同有机体的融合和相互嵌入。这是一个具有创造性张力的过程，这里有竞争、相互依赖和调适。共生的最终游戏不是"我者"消灭"他者"，而是不断杂糅、相互嵌入、适应、改变和融合以及走向新物种的多样化和共同创造的过程。

"生生"的概念恰如其分地描述了这种生机勃勃的生命力和创造性张力。第一个"生"指生活，生存下来，继续生活。第二个"生"指给予和赋予生命。这就是为什么有些哲学家把"生生"翻译成英文的"Live and let live"（"自己活，也让别人活"）。[19]其他形式的生命仅仅基于本能尚能共生、存活与绵延，那么我们这些拥有复杂认知能力的人类，应该可以有意识地反思和应用这些观念，将共生的创造性张力转化为良善的社会和政治关系，从而让我们做到相互尊重、自我约束、从他人角度思考问题以及接受差异。可见，生生观与现代共生思想相得益彰。

当代东亚共生思想的第二个来源就是贯穿东方哲学的"一体"论。道家哲学认为，宇宙万物都由"道"衍生并主宰，正如庄子所说："天地与我并生，万物与我为一。"于是，以道观之，万物并无高低贵贱。在儒家思想家中，张载首先提出万物一体的思想，在他的《西铭》中说道："乾称父，坤称母。予兹藐焉，乃混然中处。故天地之塞，吾其体，天地之帅，吾其性。民，吾同胞，物，吾与也。"王夫之注释说："父母载乾坤之德以生成，即天地运行之气，生物之心在是，而吾形色天性，与父母无二，即与天地无二也。"[20]

如果说，道家、儒家更加强调的是"我"与他人、天地万物并生于道，共同成长于天地之间，佛家思想则在多个层面上强调万物一体，互为因果，相互嵌入和融合。佛陀通过众多方便法门启发、引导无明众生走向醒悟，其中就包括因果轮回论。根据这个理论，世间一切事物都是由因果关系支配，都是因为各种条件的相互依存而产生的，并且这些因果环环相扣，组成因果相续的链条而"生生于老死，轮回周无穷"。[21] 于是，世界万物包括人类、植物、动物和矿物在内的所有存在，不仅存活着，同时也在被其他的存在赋予生命和存续的条件和支持。在这种意义上，万物一体蕴含着互为因果，相互嵌入、融合的关系。在最根本的意义上，佛法或大智慧对"万物一体"的理解是建立在对终极本源的"佛性"或"自性"的认识上。众生皆有佛性或自性，而何谓自性呢？自性为"万法所依之根本"，它"显现为世间出世间一切法，五蕴、六入、十八界乃至戒定慧，皆从自性起用"[22]。也就是说，自性具有含藏、显示、变化万事万物的性质与功能。宇宙万物，包括动植物、人类、非生物，都是自性作用的结果。在这个意义上，宇宙万物何尝不是"同根生"而一体呢？

总之，生生观与天地人一体的理念滋养、塑造并丰富了当代的共生思想。

近二十几年来，日本和中国学者在讨论人类未来时，倡导共生思想，并将其应用于艺术创造和建筑设计当中，也应用于教育、社会、政治和地缘政治理论之中。[23] 黑川纪章是个有影响力的建筑界"新陈代谢论"的创始人，也是当代日本建筑界最具创造力的思想家之一。他在有生之年大力倡导共生哲学，在日本和中国引起广泛的关注。他反对进行严格的内部/外部、人类/技术以及农村/城市化二元概念的对立与划分，试图在其建筑设计作品中表现他从生物学和佛教中得到的体悟。

在"万物一体"教义的基础上，中国台湾佛光山寺住持星云大师长期以来一直倡导"同体共生"的思想，认为这才是宇宙的本质，并主张以此为基础，增进社会凝聚力和建立政治共识，来建立一个大同世界。星云大师认为，"同体"含有"平等和包容"的意思，而"共生"有慈悲、融合之意。[24] "同体共生"思想不仅是关于人类应该如何相互关联，而且要把自然和其他形式的存在包括进来。它超越了主流的二元方法论，摒弃了你死我活的争斗，反对线性的发展和演化观。它肯定整体性思维、价值多元和存在形式的多样化。

近年来，许多欧美公共知识分子也在积极倡导convivialism，它在中国被翻译成"共生主义"。2013年，他们发布了一份《相互依存宣言》，有意与宣示美国个人主义的《独立宣言》对照起来。这份《相互依存宣言》宣称，关系性（relationality）才是人类和自然生存的本质，它肯定所有生物之间的相互联系，并试图阐明一种所有生物能够共同生存的哲学。2018年，他们发出第二次宣言，宣称新自由主义已经破产，极端个人主义、食利与投机资本主义已经劣迹斑斑，共生主义应该取而代之成为后新自由主义的统一政治哲学。[25] 欧美公共知识分子倡导的共生主义与中日学者主张的共生思想在思想源头、理论基础和脉络上存在不少差异，但相似之处显而易见：二者都提醒人们关注人与自然，人与人之间的关系性、互通性，呼吁摒弃无节制的个人主义与追求利益最大化的资本主义精神，强调互相的责任、共处的约束和自我节制等。也许现代性和全球化带来的挑战和挫败终于缩小了东西方思想界之间的鸿沟，或许我们终于可以找到一个契合天地人的共同哲学的共识。费孝通的"各美其美，美人之美，美美与共，天下大同"的优雅文字正描绘了一个建立在相互联系、相互尊重和共同繁荣之上的共生理想世界。

总之，近现代以来人类一直以零和竞争的心态，不遗余力地追求"进步"和"突破"，并最大限度地创造财富和追求地缘政治优势，在带来物质和文明极大发展的同时，无节制性的最大化思维方式也将我们导入了今天这般环境日益恶化、社会纽带断裂、国际体系日益分崩离析并日趋对抗的世界。我们人类是时候从自然和古代东方哲学中学习并实践这种基于共生关系的思想了。

1　GARDELS N, MILES K, BERGGRUEN N. The Great Acceleration ［J］.

　　Noema. 2020（1）: 7.

2　GABRIEL M. We Need a Metaphysical Pandemic ［EB/ OL ］（2020-03-26）.

　　https://www.uni-bonn.de/news/we-need-a-metaphysical-pandemic.

3　《十三经注疏·周易正义》卷第八《系辞下》。

4　梁漱溟. 东西文化及其哲学 ［M］. 上海：上海人民出版社，2006：117.

5　李泽厚. 实用理性与乐感文化 ［M］. 北京：三联书店，2005：34，74.

6　于潇. 死亡文化 ［M］. 北京：中国经济出版社，2011：18.

7　孙向晨. 向死而生与生生不息 ［J］. 宗教与哲学，2019（3）：226.

8　REES T. From the Anthropocene to the Microbiocene ［J］. Noema, 2020

　　（1）: 29.

9　同上，第35页。

10 关于共生学历史和共生进化理论的非技术解释，参见：HARRIS B.

　　Evolution's Other Narrative – Why Science Would Benefit from a Symbiosis-

　　driven History of Speciation ［J］. Scientific American, 2013, 101（6）.

11 CARRAPICO F. The Symbiotic Phenomenon in the Evolution Context

　　［M］//Olga. Pombo et al., eds.. Special Sciences and the Unity of Science.

Springer, 2012.

12 见注释 10。

13 JABR F. The Social Life of Forests［N/ OL］. New York Times，（2020-12-03）. https://www.nytimes.com/interactive/2020/12/02/maga-zine/tree-communication-mycorrhiza.html.

14 MARGULIS L. Symbiotic Planet: A New Look at Evolution［M］. New York: Basic Books, 1998.

15 任卫兵 . 共生哲学读本［M］. 厦门：暨南大学出版社，2016.

16 苏长和 . 共生型国际体系的可能［J］. 世界经济与政治，2013 年 9 月 1 日；任晓 . 共生：上海学派的崛起［M］. 上海：上海译文出版社,2015；任晓 . 多元共生：现时代中国外交与国际关系［M］. 杭州：浙江大学出版社，2019.

17 方东美 . 生生之美［M］. 北京：北京大学出版社，2019：47，128—130.

18 见注释 11，第 115 页。

19 赵汀阳 . 技术的无限进步也许是一场不可信任的赌博［M］// 宋冰，主编 . 智能与智慧——人工智能遇见中国哲学家 . 北京：中信出版社，2020：20.

20 罗光 . 生生之理 // 神学论集，1972（14）：599—614.

21 方立天 . 中国佛教哲学要义［M］. 北京：中国人民大学出版社，2002：65—66.

22 陈兵 . 慧能及《坛经》［M］// 慧能著，丁福保笺注 . 坛经 . 上海：上海古籍出版社，2016：8.

23 星云大师 1993 年在国际佛光协会上的演讲"同体与共生"，收录于《星云》，佛光山出版社；Kisho Kurokawa. The Philosophy of Symbiosis. 1994；胡守钧. 社会共生论［M］. 上海：复旦大学出版社，2006.

24 星云大师 1993 年在国际佛光协会上的演讲"同体与共生"，收录于《星云》，佛光山出版社；孙国柱. 共生概念的哲学考察——基于星云大师有关共生的思考与实践［M］//2014 年星云大师人间佛教理论实践研究（上）. 台湾：佛光山人间佛教研究院，2014.

25 The Convivialist Manifesto: A New Political Ideology——An Interview with Alain Caillé // Global Dialogue — Magazine of the International Sociological Association, Volume Ⅱ, Issue 2.

05

病毒时刻：无处幸免
和苦难之问

赵汀阳

无处幸免状态　　　　　"嘉年华"

"嘉年华"　　　思想升维

现代系统的脆弱性

生命的"鲁棒性"

苦难　　　　　　　"形而上大流行"

无处幸免状态　　　现代系统的脆弱性

突然的无处幸免

2020 年的新型冠状病毒全球大流行迅速使病毒时刻成为政治时刻、社会时刻、经济时刻和历史时刻，甚至被认为可能会成为历史的分水岭。托马斯·弗里德曼认为历史可被分为"新冠前"和"新冠后"，见惯兴衰的基辛格也认为病毒"带来的政治与经济剧变可能持续几代人"甚至"永远改变世界秩序"。此类预测流露了一种真实心情的预感，即世界要变天。罗伯特·席勒的看法另有一种历史社会学的视角："我将疫情视为一个故事、一种叙事。新型冠状病毒自身可以作为一个故事传播"，"叙事也会像病毒一样具有传染性。如果一个故事主导舆论场好几年，就会像一场流行病一样改变许多东西"。

但病毒时刻尚未见分晓，仍在不确定性中演化，因为病毒时刻是否真的会成为划时代的时刻，取决于世界的后继行动和态度。答案一半在病毒手里，另一半在人类手里，而病毒和人类行动都是难以预定的"无理数"。在这里，我们暂且不追问答案，也无能力预知答案，还是先来分析病毒时刻提出的问题。

认为病毒时刻是"史诗级"巨变或"历史分水岭"，这些富有文学性的形容需要明确的参照系才能够明辨。假如以最少争议的划时代事件作为参考尺度，或可进行量级比较。历史上最重大的事情无过于改变生活、生产或思想能力的发明，比如文字、车轮、农业、工业、逻辑、微积分、相对论、量子力学、疫苗、抗生素、互联网、基因技术、人工智能等；或者精神的发明，比如大型宗教、希腊哲学、先秦思想等；或者政治革命，如法国大革命和十月革命；或者大规模战争，如二战；或者经济巨变，如地理大发现、资本主义、全球化市场和美元体系。按照这个粗略的参照系来比较，除非后续出现始料未及的政治或精神巨变，否则新型冠状病毒事件本身并不具备如此巨变的能量，但据经济学家的估计，或许足以造成类似1929—1933年那样的经济大萧条。

我们还可以换个分析框架或历史标准来看病毒时刻。布罗代尔的三个时段标准是一个有说明力的选项。"事件"有着暂时性，相当于历史时间之流的短时段波浪。那么，什么样的波涛能够波及在历史时间中足以形成"大势"的中时段，甚至触及稳定"结构"的长时段深水层？几乎可以肯定，新型冠状病毒大流行的影响力超过了短时段事件，或有可能形成某种中时段的大势。如果它真的能够决定数十年的大势，那就很惊悚了。假如新型冠状病毒大流行只是造成经济大萧条级别的后果，似乎仍然属于事件的范畴，尽管是特大事件，但还不足以形成大势；假如它导致了政治格局的改变，那就是大势了。这个大势的可能性虽然风雷隐隐，但尚未形成充分必然的出现理由，我们还需要考虑到来自长时段既定"结构"的阻力。文明、社会和思想的深层结构具有抵抗变化的稳定惰性。

从历史经验来看，意外事件冲击过后往往出现反弹，大多数事情会寻根式地恢复其路径依赖，从而恢复原样，正所谓"好了伤疤忘了疼"。这种反弹不仅是心理性的，而且是理性的，特别是在成本计算上是理性的。长时期形成的"结构"凝聚了大量成本，不仅有时间成本、经济成本和技术成本，还有文化、思想和心理成本，这些成本的叠加形成了不值得改变的稳定性。破坏"结构"等于釜底抽薪，是危及存在条件的冒险，所以革命是极高成本的变革。成功的革命总是发生在旧结构已经完全失灵的时候，即旧结构失去精神活力，无法保证社会安全和秩序，无法维持经济水平。可以注意到的是，1968年以来的世界发生了大量连续的"解构"运动，但主要是拆解了文明的一些表层结构，比如艺术的概念、性别的概念、社会身份和自我认同等，尚未动摇经济、政治制度和思维方法论等深层结构。那些最激进的"解构"几乎只存在于文本里，难以化为现实。解构运动的历史力度相当于对结构的"装修"：既然没有能力建造新房子，就只能以多种方式来装修。如果尚无能力在新维度上生成新结构的设想，尚无具备"建构力"的理念、原则和社会能量，"解构"就终究不可能化为革命，解构的行为反倒在不长的时间里就被吸收进旧的体制，成为旧结构的老树新花。

按照布罗代尔的理解，地理结构、经济结构、社会结构、思想结构或精神结构这些属于长时段的深层结构，具有超强的稳定性，因而难以改变。正因如此，千年不遇的大变局一旦发生，比如现代性的形成，或资本主义的形成，就成了 200 年来被不断反思的大问题，而百思未解的现代性却已在等待结构的"时代升维"了。不过新型冠状病毒大流行是否能够触发一种新的结构，这仍是个未定问题。关于新型冠状病毒大流行的结果，有一个颇有人气的最严重预测是全球化的终结。如果出现这个结果，就无疑达到了中时段的大势变局，甚至触及长时段的结构。

全球化是资本主义的一个结果，只要资本主义存在，资本就很难拒绝全球市场的诱惑。目前的全球化模式只是初级全球化，就经济层面而言，是"分工的全球化"。在分工链条中，参与其中的国家都在不同程度上受益。"分工的全球化"有可能被终结，但各地仍然需要全球市场来保证经济增长，而技术化和信息化的经济更需要最大程度的扩张。因此，全球化的终结在经济上、技术上和信息上都不是一个非常积极的理性激励。当然，不排除出现政治性的全球化终结，政治自有政治的动力。无论如何，追求自主安全和排他利益的最大化确实将成为未来的一个突出问题，因此有可能出现全球化的转型——由"分工的全球化"转向"竞争的全球化"。如此的话，那就至少形成了中时段的大变局。

"竞争的全球化"意味着，全球市场继续存在，经济、技术和信息的全球化继续进行，但全球化的游戏性质发生了改变，原先全球化中的"合作博弈"比例大大减少，而"不合作博弈"的比例大大增加，甚至可能会形成"不合作博弈"明显压倒"合作博弈"的局面。其中的危险性在于，竞争的全球化有可能激化从而导致全球化的租值消散，进而使全球化本身演化成一个进退两难的困境，退出就无利可图，不退出也无利可图。当然，这是一种极端可能性，而更大概率的可能性是，当不合作博弈导致无利可图的时候，合作博弈就会重新具备吸引力——至少按照艾克斯罗德的演化博弈模型来看是这样的。历史经验也表明，人类总是陷入困境，但也总能够想出办法脱困。

新型冠状病毒大流行的"问题链"会有多远、多深，是否会触及并动摇人类思想的深层概念，即哲学层次的概念，这一点将决定新冠肺炎疫情是否有着长时段的影响力。我们不可能穿越到未来提前查看病毒大流行的结果，但目前可以看见

"提醒物"。提醒物未必指示结果，但暗示问题。

在提醒物中，我们首先看到的是在长时间欢乐中被遗忘的"无处幸免状态"。世界许多地区在经常性并且无处不在的"嘉年华状态"中遗忘了灾难的无处幸免状态。假日旅游、演唱会、体育比赛、产品发布会、首映式、电视节目、公司年会、销售活动、购物中心、艺术展览，都可以做成嘉年华，以至嘉年华不仅占据了时间，而且变成了空间本身。时间性的存在占有空间的时间足够长，就改变了空间的性质，即使时间性的活动结束了，空间也已经感染了难以消退的嘉年华性质。终于，无论是生活空间（外空间）还是心理空间（内空间）都感染了嘉年华的性质。

以事实说话，新型冠状病毒高强度的传染性使得世界无处幸免，压倒了嘉年华的感染力。本来，作为极端可能性的"无处幸免状态"从未在理论中缺席，可是理论却缺席了，欢乐不需要理论，因此理论被遗忘了。"无处幸免状态"并非抽象的可能性，它有着许多具体意象，比如全球核大战、星体撞击地球、不友好的外星文明入侵等，此类可能性据说概率很低，而且一旦发生就意味着人类的终结，也就不值得思考了。因此，"无处幸免状态"不被认为是一个问题，而是一个结论，或者是问题的终结。"无处幸免状态"在问题清单上消失了，转而在心理上被识别为恐怖传说或科幻故事，与现实有着安全距离，因此可以安全地受虐，大毁灭的故事反倒具有了娱乐性和超现实感。然而，"无处幸免状态"并非没有历史先例，恐龙灭绝虽然是恐龙的灾难，但所蕴含的可能性对于人类同样有效；各地历史都流传着灭绝性的大洪水故事，中世纪的黑死病，1918 年大流感，冷战期间险些发生的核大战，如此等等。但这些历史都已化为被时间隔开了的老故事，从而遮蔽了问题。新型冠状病毒未必有以上历史事例那么具有毁灭性，却因现代交通和全球化而形成迅雷效果，直接使"无处幸免状态"变成现实，从而暴露了需要面对的相关问题，也把原本不成问题的事情重新变成了问题。这种"问题化"是创造性的，意味着原本可信任的社会系统、制度和观念在意外条件下可以突变为问题。人类的社会系统经得起慢慢变化从而形成巨变，但经不起突变。严重的不只是病毒的大肆传播，还有病毒传播时所处的时刻——全球化的流通能量超过了每个地方承受风险能力的当代时刻。

大规模传染病并非全球化的独特现象，而是一个古老的问题。在全球化之前，病毒通过"慢慢地"传播，最终也能传遍世界，假如不是由于某种运气被终结在某处的话。虽说太阳底下无新事，但新型冠状病毒把老问题推至新的条件下，就转化成了新问题。新型冠状病毒在当代交往与交通条件下的高速传播形成了类似"闪电战"的效果，使各地的医疗系统、社会管理系统、经济运作和相关物质资源系统猝不及防，陷入困境，使传染病由单纯的疾病问题变成了社会、政治和经济互相叠加的总体问题，直接造成了两个结果：一个问题即所有问题，这是政治最棘手的情况；一个地方即所有地方，这是社会最难应对的情况。这种连锁反应如不可控制地溃堤，就会穿透脆弱的社会系统而叩问人类生活的基本结构和基本概念，如果因此部分地改变了文明的基本概念，新冠肺炎疫情就可能具有长时段的意义。

形而下问题暴露了形而上问题

新型冠状病毒大流行粗鲁而直接地提出了一个形而下的问题，即现代社会系统的脆弱性，或按照博弈论的说法，现代系统缺乏"鲁棒性"（robustness）。现代社会结构的所有方面都几乎完成了系统化。环环相扣的系统化意味着高效率，也意味着脆弱性。现代系统不断追求最小成本与最大收益，因此通常缺乏缓冲余量，从而加重了系统的脆弱性。为了达到利益最大化，现代社会的资金、物资、装备、生产、运输、供应系统都环环相扣且全马力运行，不仅在能力上缺乏余量，甚至预支了未来，总是处于能力透支的临界点，事实上很多系统都处于赤字状态，所以难以应对突变事件。塔勒布早就以其"黑天鹅"理论解释了现代系统的脆弱性。现代社会中唯一有着庞大余量的系统恐怕只有军备，比如可以毁灭全球若干次的核武器，而最大程度预支了未来的大概是金融体系。金融是现代社会运行的基础，因此，"预支未来"就成为当代性的一个主要特征。

当代系统的基本意向是厌恶不确定性，可是不确定性却无法避免。就事实状态而言，或就存在论而言，不确定性才是真实事态，而"确定性"其实是一个概念，是逻辑和数学的发明，并不存在于现实之中。

新型冠状病毒大流行对于现代系统是正中要害的精准打击，这个要害就是人，或者说生命。现代系统本身的脆弱性只是隐患，在大多数情况下，即使遇到不确定性甚至严重挑战，往往最终仍然能够脱困，原因在于，系统的关键因素是人，是人在解决问题。人是具有灵活性的生命，人的思维和行动能力都具有天然的"鲁棒性"，所以，有人的系统就有活力。可是，新型冠状病毒打击的对象就是人，当人的生命普遍受到威胁时，现代系统能够指望什么力量使其脱困？

能够使现代系统瘫痪的致命打击，或直接威胁人的生命，或威胁人类生存的基本需要（例如粮食）从而危及生命。无论当代技术多么发达，乃至人们很多时间都生活在科幻效果或虚拟世界里，但只要人类仍然是碳基生命，那么，就存在论的顺序而言，人类的生命需要就优先于政治需要、经济需要、价值需要、享乐需要和文化需要。更准确地说，生命的基本需要就是最大的政治、经济和社会问题。虽然未能肯定新型冠状病毒是不是一个"史诗级"的挑战，但它肯定是一个范例式的挑战，它准确地踩在现代体系的神经上：生命问题。这是现代系统的阿喀琉斯之踵。

长时间以来，关于世界性危机的讨论更多聚焦于金融泡沫、气候变暖、大数据和人工智能对自由的威胁、动物保护或冰川融化等议题。这些危机固然严重，但远非新型冠状病毒这样覆巢之卵的危机。甚至其中有些议题，比如气候变暖，在科学界尚有争议。但这不是要点，关键问题是，那些议题被中产阶级化之后，掩盖了更致命的危机，使人们忘记了农民、工人和医生才是生存的依靠。新型冠状病毒大流行之所以如此触动人们神经，就在于它是一个突然出现的提醒物，再次提醒了人类集体的安全问题，再次提醒了"活着还是死去"（to be or not to be）的问题永远有着现实性。

危机总是从形而下的脆弱性开始。对于许多经济学家而言，新型冠状病毒大流行意味着正在发生百年不遇的经济灾难——实体经济的萧条加上金融体系的崩溃。这比金融泡沫所致的金融危机要深重得多，因为实体经济大萧条必定加重金融危机，而金融危机又会反过来打击实体经济的复苏，这样就会形成一种循环的衰退。与此相关，政治学家更关心"新冠经济危机"可能导致的政治后果。有政治学家认为（不知是担心还是庆幸），全球化会因新型冠状病毒大流行而终结。终结某种运动（包括全球化）有可能是新的开始，也可能会自陷困境，这取决于是否存在更好的出路。对某种事情不满意不等于能自动产生更好的选项。全球化从来不是一个皆大欢喜的合作运动，任何合作都会遇到如何分利的难题，完美的合作只存在于哲学理论中，就像"完全自由市场"从来只存在于经济学文本里。正如荀子在 2 000 多年前就发现的，哪里有合作，哪里就有不平和不满，哪里就有冲突和斗争。我们甚至可以说，合作总是会埋下冲突的种子，总会创造出合作的破坏者。

然而，全球化在存在论上改变了世界的概念。在传统的世界概念里，任何实体之间的合作都没有达到可能利益的极限，在理论上总是存在更好的机会，而全球化把利益最大化的空间尺度推到了世界尺度，为利益最大化建立了极限标准，于是占有世界市场就成为利益最大化的最大尺度，因为不存在另一个世界。世界是博弈策略的存在论界限。在此可以看到存在论如何限制了逻辑：逻辑无穷大，在"逻辑时间"里存在着无穷多可能性，但那些无穷多的可能性并不真实存在，而一旦进入真实存在，可能性就受制于特定的存在状态，只剩下"多乎哉"的寥寥选项了。这意味着，想要无穷性，就只能不存在；想要存在，就只能屈服于有限性。200 年来全球化的"存在论"后果是把全球化变成了谋求利益最大化的"占优策略"。由此来看，全球化的博弈会出现冲突或策略性的倒退，如前面所分析的可能性，由"分工的全球化"转向"竞争的全球化"，一旦竞争激化就可能造成无利可图的进退两难状况，因此，从中长时段来看，世界可能会谋求全球化的升级以谋取稳定的利益。目前的全球化是低水平的全球化，是在无政府状态的世界中进行的粗放运动，有动力、有能量，但是无秩序、无制度，就是说，低水平的全球化尚未具有稳定的全球性（globality）。按照古希腊人的说法，无秩序的混沌整体（chaos）尚未变成有秩序的整体世界（cosmos）。可以说，新型冠状病毒大流行未必是预告全球化终结的句号，或许是以一个感叹号提示了还存在一个全球性的建构问题。

任何存在的改变都需要概念层次上的改变，否则只是表面化的变形。因此，形而下的严重问题就会引出形而上的问题。新型冠状病毒给人类的提醒是，如果要修正当代社会形而下系统的脆弱性，恐怕就需要修正其形而上的观念假设和思维方式。哲学并非纯粹观念，而是隐藏着的病毒。马库斯·加布里埃尔相信，在新型冠状病毒大流行过后，人类需要"一场形而上的大流行"。这是一个富有想象力的建议，我们的确需要一场像流行病一样有力量的形而上反思，让思想获得集体免疫，这需要找到一个突破性的"升维"条件，即发现或创造比现代思维空间高出一个维度的思想空间，才能够摆脱现代思维空间的限制。如果没有思想维度的突破，对现代思想的反思会因为受限于现有空间内部而奔波在解释学循环中，即使其解释角度越来越丰富深入，但因为只是内部循环，就不足以摆脱现代思想的向心力，也就不可能超越现状。

加布里埃尔很正确地批评了现代的科学压倒了道德，可是他呼唤的人文道德仍然属于现代性内部的观念，比如平等和同情。这里有个难以摆脱的困境：如果现代科学压倒了道德，那么就证明了目前的道德观念明显弱于现代科学，也就没有能量定义生活、社会和规则。可以发现，真正需要被反思的对象正是"我们的"道德观念系统。我们更需要的是一种维特根斯坦式的"无情"反思，从伦理学的外部来反思伦理学，否则其结果无非是自我肯定，即事先肯定了我们希望肯定的价值观。

现代的主流思维模式强调并且追求普遍必然性，它象征着完美性和力量。后现代思想虽然对此多有批判，但没有触动现代在存在论上的结构，只要一个问题超出了话语而落实到实践，就仍然只有现代方案而没有后现代方案。现代性如此根深蒂固，根本在于它塑造了最受欢迎的人的神话。人类试图掌握自己的命运，试图按照人的价值观来建立普遍必然性（普遍必然性的荣耀本来归于神或宇宙），这是现代人为自己创造的形而上神话。后现代在批判现代性时尤其批判了科学的神话，其实，现代神话不是科学，而是人的人文概念。人的神话假设了人的完美概念，抄袭了许多属于神的性质，包括人要成为自然的主人，人要成为按照自己的意志创立规则的主权者，每个人要成为自由的主权者，以至"人"的概念几乎变成了神的缩影。然而，人的神话缺乏存在论的基础，人并无能力以主体性定义普遍必然性，也无能力把"应然"必然地变成"实然"。现代人确实试图借助科学来为人的世界建立普遍必然性，但这是一个人文信念，而并非科学本身的意图。事实上，科学从来都承认偶然性和复杂性，始终在思考动态变量（从函数到微积分到相对论和量子力学），反而是人文信念在想象普遍价值、绝不改变的规范或神圣不可侵犯的权利。不能忽视的是，这不是一个知识论的信念，而是一个政治信念。莱布尼茨早就证明了，要具备定义普遍必然性或无条件性的能力，就需要能够"全览"逻辑上的所有可能世界，相当于无穷大的能力。人显然不具备这种能力。

无论选取哪些价值观作为一个社会的基本原则，如果设定为"无条件的"或在任何情况下普遍有效，就会缺乏应变性和弹性，在实际情景中容易导致悖论。一成不变不是任何一种可能生活的特征。假如规则是死的，人就死了。如果允许给出一个"数学式的"描述，我愿意说，生活形式都具有"拓扑"性质，其好的本质可以维持不变，类似于拓扑的连续性，而其具体表现则如同拓扑的可塑性，根据具体情况和具体需要而被塑形。虽然黑格尔的命题"现实的就是合理的"容易被误解，但问题是，如果一个观念在现实中不可行，那只能说明这个观念是可疑的，而不能证明这个现实不应该存在。休谟认为，不可能从事实推论价值，这在大多数情况下是正确的。另一方面，似乎还可以说，从价值推论事实恐怕更加困难。

哲学苦苦寻求的普遍必然性在生活世界里难有见证，它只存在于数学世界中。这是因为数学的世界是由数学系统定义并建构出来的，并非现实世界的镜像。数学系统中的存在物，或因定义而存在，或因"能行构造"而存在，所谓"存在就是被构造"（直觉主义数学的表述），所以数学中的存在物是数学系统的一个内部事实，因此能够依照逻辑而建立普遍必然性。与之对比，人文观念要解释的问题和事物都具有外在性，由不可控制的事物、实践和变化组成，人文观念只能在变化的世界中去寻找合适的落脚点。如同容易受到环境影响而易挥发、易溶解或易氧化的物质一样，用于解释生活的概念也缺乏稳定性。在平静无事的时段里，人文观念也平静无事，但在多事之秋，人文观念就会被问题化。

大多数的人文观念都有自圆其说的道理，所以很少见到在辩论中被驳倒的人文观念或者"主义"（除非被禁止表达）。然而，人文观念却很容易被现实驳倒，所以概念最怕具体化或情境化，因为一旦具体化就会问题化，一旦问题化就会被现实解构，尤其是那些宏大概念，比如幸福、自由、平等、双赢、人民、共同体等。德里达用了很大力气去解构宏大概念、权威和中心，其实那些宏大概念在变化难测和自相矛盾的实践中从未完美地存在过。

人类缺乏与大自然相匹配的无穷多维智力，尽管人类能够抽象地理解多维的世界，并且鄙视一维或线性的思维方式，但实践能力的局限性迫使人只能一维地做事，于是实践所要求的"排序"问题就难倒了人——尽管看起来只相当于小学一年级的算术难度。一方面，事情是复杂而动态的，所以生活需要多种并列重要而且不可互相还原的价值才得以解释；另一方面，实践迫使我们对价值做出排序，即优先选择。只要存在着排序难题，人们就很难在生活所需的多种事物或多种价值之间维持平衡，而失去平衡就等于每种事物或价值观都失去自身的稳定性，也失去互相支撑、互相作保的系统性，只要遇到严重危机，价值观和制度就陷入两难困境。这是秩序或制度从来没有能够解决的问题。这表明了，不仅人造的社会系统有着脆弱性，指挥着行为的思想或价值观系统同样有着脆弱性，这正是文明的深层危机。

如果说，形而下的危机来自现实的"锐问题"，那么形而下的危机所触动的"深问题"就构成了形而上的危机。新冠肺炎疫情就是一个触动了"深问题"的"锐问题"。其中一个问题就是，现代所理解的政治概念本身就是一种隐藏的自杀性病毒，它在破坏政治的概念。无论政府还是媒体或者新型权力，如果一种政治势力有权力指定价值观，那就是专制。价值观只能是人在长期实践中自然形成的集体选择。显然，人有着众多的群体，因此有着多种集体选择，也就存在着分歧和冲突。有能力保护文明的政治不是斗争，而是在文明冲突的丰富性和复杂性之中建立平衡的结构性艺术。如果政治只是斗争，就无非重复和强化了现实中已经存在的冲突，在斗争之上再加斗争，不是多余的就是加倍有害的。斗争是本能，不是政治。政治是创造合作的艺术——假如政治不能创造合作，又有何用？

因此，人类需要反思的形而上问题不是应该赞成和支持哪一种价值观——这只是形而下的斗争，而是作为人类共享资源的思想系统是否合理，是否足以应对生活遇到的可能性。换句话说，思想观念的有效性和合理性的基础是什么？什么事情人可以说了算？什么事情人说了不算？什么事情可以听从理想？什么事情必须尊重事实？在新冠肺炎疫情情境中，问题更为具体：什么事情必须听从科学？什么事情可以听人的？什么事情要听病毒的？

危机：生存之道和游戏规则

理论之所以在自身的空间里可以自圆其说，而进入实际案例就有可能崩塌，是因为理论和现实是两个空间。理论空间的法则是逻辑，而现实空间的法则是规律，两者不可互相还原，所以现实不听从理论。尽管理论可以部分地"映射"现实（通常说"反映"现实，但这个镜像比喻不准确），然而建构方式完全不同。只有当现实处于稳定、平静、确定的状态时，理论对现实的映射才是部分确定的，而只要现实进入动荡的"测不准"状态，理论概念就互相冲撞、互相妨碍乃至失灵。理论不怕认真，只怕现实的危机。既然现实不会自己走近理论，那么理论就需要走近现实。

如果说，当代性的一个主要特征是预支未来，那么当代性的另一个相关特征就是危机状态，事实上大量的危机正是预支未来所致。当代几乎所有系统都处于"紧绷神经"的状态，而危机形成了思想困境的临界条件。一个典型情况是，危机往往导致伦理学悖论，最常见的伦理学悖论就是优先拯救的困境（比如"有轨电车两难"）。新型冠状病毒大流行为优先救治难题提供了实例。医疗能力有着充分余量的国家，当然不存在这个困境，每个人都可以获得救治的机会。但在呼吸机不足的那些国家，优先救治就成为难题。现实条件排除了理想的选择，而延迟选择也是罪。在此，想象力受到了挑战。实际上的可能选项大概只有如下几种。

第一，按照先来后到，这是平等标准。第二，按照轻重缓急，这是医疗标准。第三，按照支付能力，这是商业标准。第四，优先妇女儿童，这是一种伦理标准。第五，优先年轻人，无论男女，也是一种伦理标准。其中，除了第三项是可疑的，其他标准都有各自在理性上竞争的理由。如果考虑知识论的理由，那么第二项最有道理；如果考虑伦理学理由，那么第四项和第五项都更有道理。假设有的地方优先救治更有机会存活的年轻人（纯属假设），这个选择会受到质疑，可是这种选择已经是相对最优选择之一，与第二项并列相对最优。没有一种选择是严格最优的，都有某种缺陷。也许第二项的"负罪感"相对最低。尽管人们都希望一种能够拯救每个人的最优伦理，然而超出实践能力的最优理念只存在于图书馆。康德早就发现："应该"不能超过"能够"。

我们千万不能把这种分析误解为反对最优的伦理设想。关键是，最优的伦理设想未必是一个最优理论。一个最优理论必须具有覆盖所有可能世界的充分理论能力：一方面要把"最好可能世界"考虑在内，否则就没有理想的尺度去检查有缺陷的现实；另一方面要把"最差可能世界"考虑在内，否则就没有能力防止或应付严重危机。如果一种伦理学或政治哲学不考虑"最差可能世界"，而假设了优越的社会条件，就是一种缺乏足够适应度而经受不住危机的脆弱理论。新型冠状病毒大流行迫使许多地方实行的"隔离"就成为一个争论焦点。其实，比起战争、大洪水、大饥荒或社会暴乱，隔离状态算不上最差情况。

　　"隔离"成为哲学争论焦点与阿甘本有关。阿甘本认为，以"无端的紧急状态"为借口的隔离是滥用权力，而滥用权力的诱惑很可能会导致通过剥夺人民的自由以证明政府权力的"例外状态"变成常态。这个论点提醒人们的是，权力在本性上倾向于专制，只是平时缺少机会和借口。这是个重要问题。但隔离的目的是否真的是政治性的，或是否没有比政治更紧要的考虑，这也是问题。人类生活的各种需求就其严重程度而有着存在论的顺序，生存通常位列第一。但阿甘本提问："一个仅仅相信幸存，除此以外不再相信一切的社会又会怎样呢？"这是个更深入的问题。假如活命只不过是苟活，那可能不如去死。然而，这些问题似乎把新冠肺炎疫情的语境无节制地升级，从而导致了问题错位，为应对新冠肺炎疫情而采取的隔离是否达到了"不自由毋宁死"或"好死不如赖活"的极端抉择？阿甘本对因新冠肺炎疫情隔离的理解未免"人性，太人性了"（尼采语）。以反对隔离来捍卫自由，这暗示了其反面意见似乎就是支持滥用权力，但这是一个陷阱。与阿甘本真正相反的观点其实是，人只能承认生活有着无法回避的悖论。人类享有的自由、平等和物质生活是文明的成就，这些文明成就的立足基础是数万年的艰苦卓绝甚至残酷的经验，而这些文明成就并非一劳永逸地享有，要捍卫文明就仍然会经常有吃苦的经验。正如经济学永远不可能清除"成本"的概念，任何文明成就也永远不可能排除"代价"的概念。代价是一个存在论概念，是存在得以存在的条件。

有一个需要澄清的相关问题是：这隔离不是那隔离。对传染病实行隔离法是一个古老经验。秦汉时期已有局部隔离法，被称为"疠所"，即麻风病隔离所。古罗马在查士丁尼大帝（527—565 年在位）时期也发明了麻风病隔离法。现代的"检疫隔离"（quarantine）概念来自中世纪对黑死病的隔离，意思是 40 天隔离。检疫隔离有别于"社会隔离"（isolation）。社会隔离通常具有政治性和歧视性，比如历史上欧洲对犹太人的隔离或美国对黑人的隔离。混同检疫隔离和社会隔离会误导对问题性质的判断。为应对新冠肺炎疫情而实施的隔离显然属于检疫隔离，却不是社会隔离。虽然不能完全排除检疫隔离被权力利用从而变成社会隔离的可能性，但就其主要性质而言并非政治性的。假定阿甘本仍然坚持对检疫隔离的政治化理解，把它归入当权者乐于使用的"例外状态"，那么还可以追问一个侦探式的问题：谁是检疫隔离的受益者？不难看出，危急时刻检疫隔离的受益者是全民。既然受益者是全民，检疫隔离就很难归入政治性的例外状态，而应该属于社会性的应急状态。除了全民的安全，检疫隔离还有效地保护了医疗系统的能力。如果医疗系统因无法承载超大压力而崩溃，则全民的安全保障也随之崩溃，而如果社会秩序、医疗系统和经济一起崩溃，个人权利就只是无处兑现的废币，虽有票面价值，但失去了使用价值，个人权利就变成不受保护的赤裸权利，而赤裸权利肯定无力拯救阿甘本关心的"赤裸生命"，到那个时候恐怕就真的变成政治问题了。

这个政治问题就是：到底是什么在保护个人权利？首先，宪法和法律是制度上的保证。进而，任何事情都必须落实为实践才真正生效，权利也必须落实为实践才真正兑现。实践涉及的变量太多，几乎涉及生活中的所有变量，已经超出了任何一个学科的分析能力，只能在一种超学科的概念里去理解。实践问题等价于维特根斯坦的游戏问题，因此可以借用维特根斯坦的游戏的一般分析模型。按照维特根斯坦的游戏概念，一个游戏需要共同承认才生效，同时，游戏参加者也就承认了游戏的规则，这一点已经默认了游戏的一个元规则，即任何一个游戏参加者都没有破坏规则的特权，或者说都不是拥有特权的

"例外者"，比如说没有作弊耍赖或要求特殊对待的特权。游戏概念有助于说明，如果社会是一个游戏，那么个人权利并不是一种私人权利，也就是说，个人权利是游戏所确定的平等权利，并不是一种由私人意愿所定义的特权。于是，在游戏中只有合法的（相当于合乎规则的）个人行为，但没有合法的私人行为。按照自己的自由意志做出的私人行为只在私人时空里有效，如果私人行为入侵了游戏的公共时空或他人的私人时空，就不再合法了。其实这正是法律的基础。比如，一个人在自己房间里饮弹自尽，这是私人行为，但如果一个人在公共空间里引爆炸弹自尽而伤及他人，就不再是私人行为，而是破坏游戏规则的个人行为，即违法行为。同理可知，在检疫隔离的行为中，如果一个人把可能伤害他人的行为理解为私人说了算的自由权利，就是把人权错误地理解为个人特权。就像不存在一个人自己有效的私人语言（维特根斯坦定理），也不存在一种只属于自己的私人政治。政治和语言一样，都是公共有效的系统。如果把个人权利定义为绝对和无条件有效的，就有着私人化的隐患，不仅在理论上会陷入自相矛盾，在现实中也必定会因遇到同样绝对无条件的他人权利而陷入自相矛盾。

但是，当代的一个思想景观是，观念已经不怕逻辑矛盾，也不怕科学，转而凭借政治性而获得权力。福柯的知识考古学发现，这种现象早就发生了，知识和权力的互动关系产生了"知识—权力"结构，其结果是，在社会知识领域，知识的立足根据不再是知识本身的理由，而变成了政治理由。这可以解释观念是如何变成意识形态的。当观念试图以政治身份支配现实时，就变成了意识形态，或支配性的"话语"。意识形态正是当代"后真相时代"的一个基础，其另一个基础是全民发言的技术平台。在社会视域里，理论、理性分析和对话被边缘化甚至消失，几乎只剩下政治挂帅的大批判。并非真相消失了，而是"眼睛"和"耳朵"没有能力走出后真相话语。后真相话语形成的意识壁垒又反过来加强了意识形态。在后真相时代，并非所有话语都是意识形态，而是每一种能够流行的话语都是意识形态。意识形态化是话语的在场条件，否则在话语平台上没有在场的机会。后真相话语的叙事助力有可能把突发的暂时性危机变成长期危机。病毒只是自然危机，而关于病毒的叙事却可能成为次生灾害。

苦难的本源性

新型冠状病毒大流行在哲学上唤醒了"苦难"问题。这是一个长久被遗忘的问题，可是苦难一直存在。

人的神话以及现代化的巨大成就促成了当代观念的傲慢。尽管激进思想家们一直在批判现代性，但仍然没有能力改变当代支配性的"知识型"（episteme）。当代社会倾向于以"好运"的概念替代"命运"的概念，为"失败"而焦虑，而不愿意面对古希腊所发现的"悲剧"。突出"积极性"而拒绝承认"消极性"的进步论导致了思想失衡。其实平衡或对称不仅是数学现象,而且是生存的存在论条件。当代思维发明了一种不平衡的逻辑,只专注于成功和幸福的故事,幻想福利可以无条件供给,权利可以无条件享有,自然可以无限被剥削,如此等等,这种幻想基于一个伦理学的理想化"应然"要求:成本或代价应该趋于无穷小而收益应该趋于无穷大。这种逻辑挑战了我们从亚里士多德、弗雷格和罗素那里学到的逻辑,也挑战了物理学,比如能量守恒定理或热力学第二定理。

就广泛流行的当代哲学而言(以传媒、教育体系和大流量网络平台的接受倾向为参照),尽管各种哲学的目标话题各有不同,如以福柯的知识考古学方法加以观察,则可发现,众多流行哲学有着一个共通的"知识型",即"幸福论"。最大限度地扩大每个人的幸福和福利,是幸福论的共同底色。幸福论倾向于主张每个人的主体性有着绝对"主权",以便能够最大限度地扩大个人自由并将个人的私人偏好合法化,个人可以自主合法地定义自己的身份、性别、价值和生活方式,乃至在极端化的语境中,"个人的"有可能被等同于"私人的"并且等价于正确。自我检讨地说,我在1994年出版的《论可能生活》也是一种幸福论。

幸福是人的理想,但幸福对于解释生活来说远远不够,因为幸福论对可能发生的苦难无所解释,甚至掩盖了苦难问题。对于建立一个解释生活的坐标系来说,比如一个最简化的坐标系，幸福只是其中一个坐标，至少还需要苦难作为另一个坐标，才能够形成对生活的定位。在幸福—苦难的二元坐标系中，幸福是难得的幸运，是生活的例外状态。当代的幸福论谈论的并不是作为至善的幸福，而是幸福的替代品，即快乐。现代系统能够生产物质上或生理上的快乐，却不能生产作为至善的幸福，更缺乏抵挡苦难的能力。苦难问题之所以无法省略也无法回避，因为苦难落在主体性的能力之外，就像物自体那样具有绝对的外在性，所以苦难是一个绝对的形而上学问题。

新型冠状病毒大流行提醒了苦难的问题，把思想拉回到生活之初的逆境。假如人类的初始状态是快乐的，没有苦难，就不可能产生文明。伊甸园就是"无文明"的隐喻，而人被放逐是一个存在论的事件，意味着苦难是文明的创始条件。苦难问题不仅解释着人类文明的起源，而且很可能是人类的一个永恒的问题，因为只有磨难才能够保持起源的活力或"蛮力"。可以注意到，几乎所有宗教都基于苦难问题，这一点也佐证了苦难的基础性。如果回避了苦难问题，人们就几乎无法理解生活。宗教对苦难给出了神学的答案，但是各种宗教给出的答案并不一致，而且每一种答案都无法证明，这意味着，真正的答案就是没有答案。因此，就思想而言，苦难只能是一个形而上学的问题。哲学问题永远开放，没有答案也不需要答案，而没有答案正是思想的生机。

苦难问题的形而上意义在于把思想带回存在的本源状态。

苦难的"起源"和"持续"合为一体，这表明，本源从未消失，一旦起源就永远存在并且永远在场，所以苦难贯穿着整个历史，贯穿时间而始终在场的存在状态就是根本问题。在这个意义上，苦难问题无限接近文明的初始条件，必定留有关于存在或起源的核心秘密。哲学和宗教都没能解密，但都在不断提醒着秘密的存在。在不可知的背景下，我们才能理解我们能够知道的事情。可以说，对苦难问题的反思意味着哲学和思维的初始化或"重启"。我相信，苦难问题可能是"形而上学大流行"的一个更好的选择。借用刘慈欣的一个句型：失去享受幸福的能力，失去很多；失去战胜苦难的能力，失去一切。

06

道的时刻：全球性大流行病时期的无奈、乐与柔韧

王蓉蓉

外游　　道游

内游

道的时刻

与道合一

遊心　　养中

乘物　　遊心

外游

道游

养中　　道

道的时刻

希望与绝望之间的区别，不过是对同样的事实进行不同方式的讲述而已。

——阿兰·德波顿

从绝望之山，出希望之石。

——马丁·路德·金

有害病毒并不是什么新鲜事物。人类自古以来就与各种各样的微生物（那些致命同伴）生活在一起[1]。然而，新冠肺炎疫情却引发了人类历史上第一次深刻震撼了整个世界的全球性危机。这种病毒不再是个别人、个别地区或个别文化的问题。其无选择性攻击不因感染者的社会、经济或道德价值而有所区别，这预示着我们所有人皆身在其中，安危与共。在此不测之时，人们虽不情愿却被迫暂停，从日常之生活，到社会性、全球性机构之运作。生活之进展，仿佛不再如我们所愿。这场疫情为我们提供了一个学习"道"的良机。我们可称之为"道的时刻"，在层出不穷的令人震惊的权衡利弊之时刻，两极对立之时刻，左右矛盾之时刻，其核心之所在皆是学习和理解道的时机。这些时刻是意味深长的时机，它迫使我们将道家生命观的洞若观火与至关紧要的普通生活的俗世浸润结合起来。

幽居一处避疫数月，这已打断了我们的正常生活，而疫情的结束尚在未知，放眼望去只见无常、躁动、紧张、担忧和焦虑。乌云遮蔽了希望，只剩下绝望、悲伤和困惑。这是"无可奈何"的现实状态与人生"随心所欲"追求之间的现实对立。庄子把这种情境称作"不得已"。庄子称："知其不可奈何而安之若命，德之至也。"（《庄子·人间世第四》）在此，庄子强调要承认人生的"不测"（"有待"），要接受命，而不是追求"治"那无法实现的欲望。然而，当下复杂的全球动态要求我们具备在不可预测的境况下长存的基本能力。封城的无奈有多么难耐？习以为常的旅行被迫停止时，乐趣的缺失有多么悲伤？生活在这新的常态下，到底有多么艰难？这些问题在我们的日常生活中之所以被放大，是因为我们需要一种最基本的身心应对机制才能聊以度日。

本文旨在从《庄子》中寻求启迪和解决这一存在的挑战。

庄子在《人间世第四》中提出："且夫乘物以游心，托不得已以养中，至矣。"这种立场涵盖三种具体的行为模式：乘物、游心、养中。本文将对这三种模式予以阐述：通过观照"无奈"澄清何谓"乘物"，通过探索乐的终极源头来认识"游心"，通过诠释"养中"来赋予人生的最终意义。本文并非试图证明某一观点或立场的绝对性，而只是表达一种愿景和境界，以期激励一种安身立命的清静之念，尝试道学对解决新型冠状病毒危机的智慧与追求人生幸福的具体途径。

乘物：无奈与希望之间的链条

大疫在中国历史上并不鲜见。疫与病，其实是有所区别的。《说文解字》上说："疫，为民皆疾也。"在东汉和三国时期（25—280年）的诸多灾难中，大疫所带来的后果是最严重的。从光武帝元年（25年）到汉献帝建安二十五年（220年），每隔25年便有一次大疫。在汉灵帝统治时期，人口从1 000万户降为仅剩300万户，近2/3的人口死于大疫和战争。曹操之子曹植在题为《说疫气》的短文中描述当时的境况："家家有僵尸之痛，室室有号泣之哀。或阖门而殪，或覆族而丧……此乃阴阳失位，寒暑错时，是故生疫。"

由于大疫造成的现实灾难和痛苦，人们极度渴求一种保护网和出路。在那个时期出现了两个非常有影响力的草根运动——太平道和天师道，它们往往被视为道教两大宗派的开端，并且它们还在抗击瘟疫和反抗汉政权的斗争中成为强大的同盟。根据《后汉书》的记载，太平道的创立者张角开方画符为人治病，"病者颇愈，百姓信向之"。画符[2] 是向大宇宙求救援，以理解这悲惨人世生活之意义的途径。这与天师道的创始人张道陵的情形极为相似。天师道亦被称作五斗米道[3]，因为人们在被天师道修行者治愈后须缴五斗米作为酬劳而得名。

这些以"道"之名兴起的运动，正视人们最深层次的生存需要，直面人们迫切的困惑，解救苦痛，治愈病患，带领大众摆脱困境。道教经书《太平经》论述说，道家的医治之术乃是历史上早期三大修行体系——巫术、医术和养生术的整合。远离疾病、身体康健和长生不死，一直是道家修行者所关心的永恒主题。到了魏、晋、南北朝时期，许多声名显赫的道医发现了各种有效治疗或根除疫病的办法，这也就不足为奇了。

这样的历史语境和经验有助于解释这一事实：道家修行者是在危及健康的条件下涌现的，是为应对生死攸关的健康生存问题做出的反应。他们因解脱个人和社会病疫的技能和寻求长生、不死之药的努力而受到尊崇。达到"长生"和"不死"的目标是征服疫病的有效象征。

在这种复杂深刻的历史语境中，尽管道家医疗实践并无单一而统一的主题，我们仍然能够构建出一种哲学滤镜，并通过它去审视我们当代的疫情危机。庄子不断提醒我们："死生，命也；其有夜旦之常，天也。人之有所不得与，皆物之情也。"

（《庄子·内篇·大宗师》）对于庄子来说，生与死是一体的。

庄子的重要观念"乘物"揭示了生命充满不测之变，而人能控制的范围和能力是有限的。要活得好就需要我们善用人的德性，去应对变化无常的、无法预测的情况。"安时而处顺，哀乐不能入也。"（《庄子·内篇·大宗师》）

庄子的隐含前提是相互连接和相互关联的观念。人类与自然、与其他人、与宇宙万物都有着内在的、密不可分的联系。这种万物为一的理念以自然为疗愈之源。道家一贯的特征是借着归向自然来处理恐惧和绝望。道家修行的显著特征是迷恋山川、洞穴、湖海，众所周知，修道者热爱在自然环境中发展他们的创造之力，探求他们的长生之术。早期的修道者被称为"隐居者"或"隐士"，因为他们藏于深山，营建道家的山中修行社群。即使在《庄子》中，理想的居所也都是在山中。传说中的无名神人居住在姑射山，"不食五谷，吸风饮露。乘云气，御飞龙，而游乎四海之外"。神话中的圣王尧曾往姑射山见四子王倪、啮缺、被衣和许由。还有得了道的堪坏，居住在昆仑山上；得了道的肩吾，居住在泰山上；相传活了1 200岁的广成子，居住在崆峒之山；无为谓居住在隐弅之丘。一个名叫知的人物登狐阒之上，遇到了狂屈，"中欲言而忘其所欲言"。南伯子綦这个人物在《庄子》一书中出现了4次，他也曾居住在一个山洞里。山居既可以是闭关修行期内的暂居之选，亦可以是终生永居之选，山中道观数量之多即体现了这一点。

许多仙人故事也都在讲仙人在山中的生活和成就。葛洪的《神仙传》记述说："凡为道合药，及避乱隐居者，莫不入山。然不知入山法者，多遇祸害。"《神仙传》里的故事很多，其中一个是太玄女的故事。她一出生就有术人预言说她命中注定不得长寿。[4] 可是，因为太玄女"行道学、治玉子之术"，居然扭转了自己的命运。最后，她不仅长寿，还得了"三十六术"，比如说"入水不濡，盛寒之时，单衣行水上，而颜色不变，身体温暖"。

山川、森林、洞穴都充满了气的能量。山居修行得到发扬光大，变成道家的"洞天"和"福地"，修道者在其中经历体灵的蜕变，成为仙人或完人。司马承祯把这些洞天福地的传说总结为十大洞天、三十六个小洞天、七十二福地，并详细列出其名称、地点和治理的仙人名。

为什么修道者要居住在山中呢？他们的入山之法有什么特殊之处呢？简单说来，山居是最佳的体验自然之韵律的方法。修道之人对于入山的时、日、月、季、年要考虑周全，尤其是对繁杂的外在因素格外注意，比如毒蛇、毒虫及其他生灵和毒物。然而，山也为人的生存供给了各种各样的灵丹妙药。在山洞中，寻道者进入了清静之地，仿佛重入母亲的子宫，意识中清空了人类的叛逆和规矩，能够在"虚"中行动。在"虚"中，修道者冥思、梦寐，得见无数异象。许多道观从历史到当今都被建在山上，远离人烟密集的城市居所。

道家修行的另一显著特征是人体内在的经络地图，这将人体与大自然联系起来。道家经典《黄庭经》代表了道家对于人体生理的最初理解，这种理解是以人体生理与自然景观的关系为基础的。对于道家人体观的通俗认识一直是头为昆仑山，脊为由昆仑流出的水道，而心是北斗所向的北极星。人类依赖自然，不光因为人类需要自然才能生存，还因为自然给予人一种扩大了的自我感和归属感。

　　合乎情理的是，在目前这种困境时期，摆脱焦虑、不安全感和忧郁的出路之法是适应或顺从自然，以自然为大，以自然为简。宇宙周期规律和人类存在模式之间的相交点，也正是绝望与希望之间的连接点。如果一个人能够真正理解事物流转如季节转变的自然旋律和不可抗拒性，那么他就可以获得对生命的洞见和希望，从而使人类的意与识充满更强大的能量流动，使能量流向憧憬、合一与繁荣。

　　道家修行意在培养透过不确定之迷雾看见和想象出通往以往未曾设想过的更美好未来的能力。这种愿景深植于一种重要的道家使命感中：人类的福祉有赖于宇宙行星世界，人类要尽可能从行星世界"得"道。道家使命对于当代的将人类重新定义为宇宙行星生命的理论是一种支持。根据苗建时和鲍恩（Miller and Baun）的说法，星球生命／存在（planetary being）——"……人类的生命是以行星生命创造出来的。这一原则是我们从宇宙生物学的最新发现中总结出来的，并不排除其他形式的生命（也许是不依赖碳或不依赖水的生命）可能依存于陨石、卫星或其他天文现象。但这确能证明人类生命的进化起源于我们在地球上发现的行星生命的复杂性。如果没有了在我们这个行星家园上出现的复杂性，就没有人类存在的可能性，更不要说成为人类。"[5]

　　引导人类关注自然的声音，将人类的注意力导向信任和依托自然之运行，这是人类给自己的一份礼物。它赋予人类一种宇宙观，捕捉破灭希望背后的激情，将人类引向转化，经由这蜕变人才能最终实现自己的使命。庄子教导我们，人类作为与自然共存者而非凭空存在者，是能够将那深层的相互联系感发扬光大的。我们应该获取与整个宇宙沟通的能力，或者说成为宇宙公民的最基本能力。

游心：乐的终极源头

　　我们所遭遇的第一次全球性疫病已经打破了各种旧有生活方式的惯性，居家隔离。社交距离和封城措施已经前所未有地改变了我们的生活状况。这个现实向我们提出了挑战：我们自身的心理和精神免疫力如何？我们在日常生活中的乐趣源泉是什么？我们还能够欢乐地度过每一天吗？虽然欢乐是相对的，它源于我们与自己、与外物、与自然现象的相互作用，但是我们怎样才能在保持社交距离，在居家隔离的日子里培养一种更深层的欢乐呢？在新冠肺炎危机所引发的所有迫切挑战之中，最大的挑战是如何恢复在生活中寻获欢乐的能力。而与短暂的情绪或绝望相比，欢乐带来更深层的、更丰富的满足感。

除了"乘物"和"其应于化而解于物也"等思想，庄子还提出了"游"，意思是一个人要在尘世中深深扎下自己的存在之根。游是庄子的教诲中占有最重要地位的哲学立场之一，也是打开庄子的高深莫测之世界的钥匙。游是庄子思辨的观念、游戏的态度和处世的方式中不可或缺的部分。《庄子》第一章的题目是"逍遥游"，这个词组他通篇共用了 113 次。"游"这个字的本义是指旌旗的飘荡或水的流动[6]，但是它衍生了更复杂、更发人深省的意义。王夫之解释说，庄子的游是一种"事物莫不有两有对，连接和沟通这两者的方式就是'游'……世间万物，无不可游也，无非游也"[7]。人类经验之诸多价值，以及人生之最佳境况，都与这种游的现实密不可分。

游乃欢乐之源，其形成之源头有三。其一是外游，即游于自然景观之中，现代人所说的游山玩水即是此义。自由自在地游于山或玩于水，或是加入观光游览之列，都是令人愉悦的体验。游于自然确实能够给予人一种广阔的愉悦体验，然而这只不过是"有待"之乐，是根植于飞速变幻之外物的短暂之乐。

其二是内游，即在自己的心中或意中内游。这种游是根植于一个人自己内在的境界，根植于自身进行内观之能力。游于心或游于意，乃是不依赖外在事物、外来刺激或感观输入的。这种"游"是自己的心与意之游，是自给自足的闭环。庄子将其定义为"游心乎德之和"（《庄子·德充符》）。这种以个体为主体的观察视点是内在欢乐的一个重要源泉，人并不需要亲身进山或下海就能体验这一种乐趣。人可以根据当前的处境来自我调适，无论身处何种局限，受何种外物限制，都能向内找到欢乐。这是从向外寻欢觅乐到向内自得其乐的转变。大疫来袭，即刻将我们的家居之所变成办公室、育婴所、学校、餐馆、音乐厅甚至健身房。我们身处极受限制的物理空间内，需要有特殊的调适和抗压能力来使这种生活依然充满乐感。

庄子鼓励每个个体去开拓一个健康的内在世界以应变，而不是依赖外物，这是重建内心的和平与安宁。这种内游是对自适与逍遥的一种示范。"内游"就是在"内心"世界中实现"无所不适""无所不至""无所不观"的"游"。

其三，道游，即游于道，游于无穷。"以游无穷者"，即不依赖于外物，即无待。这是"顺天循道""至美至乐"。天乐是用心／意之境反照和体现万物。[8]

庄子提出了"天游"的观念，以应万变。在《逍遥游》一篇中，庄子阐述了列子所说的"乘天地之正，而御六气之辩"。游，不仅是身与心的活动，还是与道合一、至于至乐的境界。

在孔子和老子的对话中，庄子对此做了解释。"孔子曰：

'请问游是。'老聃曰：'夫得是，至美至乐也。得至美而游乎至乐，谓之至人。'"

庄子还称："心有天游。室无空虚，则妇姑勃豀；心无天游，则六凿相攘。"

这种天游是与庄子将人提升到全然自由之境界的宏大见解相一致的。就此而言，这种游也是"采真之游"（《庄子·天运》）。庄子设计了一种生活方式，即"内直外曲"。内直就是顺天，"与天为徒"；外曲则意味到顺从人道，"与人之为徒也"。（《庄子·内篇·人间世》）。一个人若能做到内直外曲，就能得享天乐。

这是一种深沉的乐，它促成了我们与世界、与外物的和谐共振，它规制着我们对世界寄望的方式。一个人的欢乐一旦接近了天或道，那他就获得了一种无穷无尽的乐的源头。这种大知是比小知强许多倍的。

这种天乐的观念，也澄清了关于个人选择和行为准则等关键问题，也就是随遇而安的问题。所谓随遇而安，就是在某种个别境况发生时，接受它，并自主自动地选择最适宜这种现实境况的行动轨道。《庄子》中讲到老子之死时，秦失的态度是"悬解"，即解脱了束缚，这是与逆天的"物有结之"的态度相对而言的。美国贝克莱大学教授戴梅可（Michael Nylan）解释说，像庄子这样的大师一定也感受过绝望和恐惧，但是他们的解决方法是"一个人必须自己站起来，掸掉身上的灰尘，尽快前行"。一个人要根据所处的具体境况进行自我调整，目的是快速和继续前进。

这是由现象性的实在向意识性的清静迈进或转变。这种清静给予人一种眼界，能够以自在的心态生存于大千世界。

养中：一种柔韧的进阶实践和生活方式

全球性的疫情不仅解构了"我必须以这种方式来做事"的执念，还要求我们以一种创新的态度重构我们的"居家"生活方式。它迫使我们审视那些已在我们思想中根深蒂固的假设，使我们变得更加谦卑。从道家的角度来看，一个柔韧的人将有能力平顺地完成这种过渡，从旧有的、根深蒂固的做事方式转向一种随机应变的、探索的态度，勇于发现那需要行走却尚不熟识的道路。

这里存在一系列切实相关的问题：全球性疫情是否将永远改变我们的生存和生活方式？我们是都在等待回到旧有的所谓正常生活，还是都在经历一种殊不相同的未来？这次疫情清楚地表明，人们的生活不应仅仅围绕着集合和制造。这次疫情还提出了一个二元对立：人的创造是顺应自然还是单一地建造？人的生活是应顺应宇宙的旋律，还是无休止地生产？

陈徽在解释庄子学说的文章中论及，"'不得已'之义实有两重：一为人生在世的无可奈何性，此为'不得已'的第一义，亦即它的基本义；一为人之于世界、之于诸物的感应之自然，此为'不得已'的第二义"。[9]读此文可以解释道家与斯多葛主义的区别。弗雷泽在著作中称：

> 逍遥游的理想，将庄子学派的"清静"或"虚静"与希腊哲学流派如伊壁鸠鲁学派、怀疑主义或斯多葛主义所倡导的"宁静"区分开来。与这些学派不同的是，在庄子学派的养生观念中有一种主导性的游戏的、欢愉的、活泼的元素，反映在这种观念中就是一个无目的的、游戏般的漫游过程。（弗雷泽，2014b）

值得指出的是，一个人在遇到不得已的境况时，是能够感而应之以方法和策略的。真人不会滞于境遇，而会随遇而安，随机应变。这就是真人之德。[10]

也正因如此，后世的道家修行者奉守"我命由我不由天"的信条。恰是道家这种柔韧，给人以应对艰难困苦的心理和精神力量。这种柔韧是精神能量库，人们在遇到困难时能够从中汲取力量，从而支撑他们度过危机，不致迷路和崩溃。

然而，这并不仅仅是一种心理和精神力量，更是要在日复一日的生活烦琐中将其付诸行动。对于庄子而言，在"不得已"的境况下，人仍然能够顺应自然规律，这正是"托不得已以养中"。[11]

"养中"这个概念有着多种不同的实施方法：养心、养气、养督。[12] 这些都是为了与无以逃避的生活境遇相斗争而采取的保护性措施，以表达柔韧的多面性特征。

"养"这个字是一个关键性的道家观念，在中国思想中占有特殊的地位。哲学著作、自修手册、医学典籍、玄学著述、道家经书，全都重视这个观念以及与之相关的修为。它强调养生、养形、养性、养身、养志、养心和养神的原则。养，重在养的过程，它也包括多种多样的健康准则。它把健康视为一个可以储存在身体里的可量化目标，一个循序渐进的目标而不是一个概念性的目标。它包含着一种由心理—精神—情感等卫生标准规范过的日常生活方式。

养中的第一方面是养心，是让心达到静、安、定、正、治、抟。这种心灵的境界是通过坐忘和心斋来实现的。[13] 在第二章里，《庄子》细致地描述了坐忘和心斋，两者都能达到抑制习性，即今天心理学所说的情感管理。从心理神经病学的角度来看，这乃是坐忘的核心之处。换句话说，这种修行不是消解意识，而是重建意识和改善心理的全面状态。

坐忘的一种形式是让内在意识开拓一个平静的空间去尽情地冥想，从而最终体验到被治愈、被净化，达到灵性上的超越。它教导的呼吸法，是通过集中意念，以进入人最微妙的意识层面。这种锻炼是为了消除所有的感官觉知和意识评价，专注于态度和生活方式上的重在当下。这是在某种意识境界中才能达到的一种注意力的内在聚焦，在这样的境界中以自我为中心的忧虑和批判都被暂时放下，解脱了，以觉知到一种更深层、更微妙的意识流动。通过意识的引导让大脑进入休息，思想得到了寂静，正念的感觉得到了培植；从而达到了内在的和平、意识的清静和对自身、对世界的信任。

养中的第二个方面是养气。庄子提到了一个重要的梳理气的术语，吐纳，或者更确切地说，是吐故纳新。对于生命能量之流动——即气在人体组织中的这种导引和提纯，将身与意从"动浊"中抽离出来，进入"静清"的境界[14]。这样，人就达到了与自然合一，即通过让身体获得充满宇宙之气而体现道。《庄子》中讲到导气大师壶子的故事：他将自己的气融于地之律动，然后又合于天之律动，最终归于道，从而达到全然的解脱。《庄子》另一章中说："吹响呼吸，吐故纳新，熊经鸟申，为寿而已矣。此导引之士，养形之人，彭祖寿考者之所好也。"

这类养气的修行消解了弥留的身心二元观，解放了身体——我们血肉之躯的活化身，从而让它能够选择、思考、拥有自己的智慧。

养中的第三个方面是养督。在《庄子·养生主》一篇中，庄子提到了督，提到人类扩展自己的生命是通过"保身""全生""养亲""尽年"。庄子所追求的，是经由延年益寿的修炼，将短暂出现的清净转化成持之以恒的日常生活方式。这就涉及从我们全方位的存在去体验世界，而不只是从意识层面去体验世界，让身体从现实中得到滋养，而不仅仅停留在概念上的理解和争辩。

颇为典型的是，早期道家经文都在讨论这种身的转化，而身体的能量是用"寿"或"长生"这样的修辞来表达的，这些词语所指的都是转化身体的能力，使身体能够承受变化和时间之变迁而不消散身体之能量。这种表述揭示出长寿从来不是孤立的、只顾保命而不顾其他的目标。相反，长寿在于日常生活实践，乃至一种生活方式。只有那活力充盈的身体才能够体现道，而生机勃勃的身体给予人的，绝不仅仅是长寿而已。这种保养身体并返老还童的循环在《黄帝内经》里得到详述。当被问及人为何短寿时，岐伯说，只有那些知"道"者才能得享长命百岁，因为他们能够"法于阴阳，和于术数，食饮有节，起居有常，不妄作劳，故能形与神俱"。

应对日常事务和平时做出决定的最常见方法都涉及遵循历法和遵守行为规范和准则。这些要求都清楚表明了饮食得当、睡眠充足等简单日常规律的价值，而其他的历法则用顺应自然秩序来规范人们的生活程序。这些方法也都涉及自然四季的秩序和人类生活规律之间的互动和依赖性，其作用是帮助人决定日复一日的岁月流转中怎样去选择。不过，历法对于不可预测的突发性（非循环性、非规律性）变化不予解释，亦不对突如其来的死亡、疾病、不幸和灾难等命运之转变说明原因。庄子的养中程序，却是为了应对变化、命运，以及那些莫不可测之事，把握新出现的机遇，做出最佳的选择。

结语

在这些天下瞬息万变的日子里，尽管许多事仍然暧昧不明，但是有一点很清楚：新冠肺炎疫情是"大加速器"，它突然将我们从旧惯性中推进到了新纪元。关于不确定性原理的常见定义是："（对于位置和动量而言的）不确定性原理认为，一个物理系统的位置和动量的数值不可同时被确定。相反，这些数量只能带着某种典型的'不确定性'来予以认定，而这些'不确定性'是不能随机地同时变小的。"[15]本文将当下这变化时刻视为一个突然发生的、应该抓住的悟道之机。疫情将这世界带入了一个道的时刻，在这个时刻，我们能够学习道、欣赏道和践行道。本文提出了创建新轨道的三大基础，以此来说明应对无常之世事的庄子之道的有效性和可行性。

我们都希望全球的科学家和全世界的政治领袖能团结一心，找到最有效的方法和途径应对这次全球疫情。与此同时，我们不能只是坐等其变。我们应该带着一定量的自我警觉面对这世界的挑战，也就是庄子所说的"慎其独"。疫情逼迫着我们在想方设法把日子过下去的过程中，与删繁就简的生存之事做斗争，自己做饭，自己打扫居室，自己给自己理发。这就是生命之简约吧！这种暂停是建设性的，它让我们以此为契机，明察而清晰地反思我们的生命和存在中最平实和最简单的事情是什么。更重要的是，它召唤我们过一种简单的、喜乐的生活。愿我们的品格像足球一样皮实：白天它被踢得翻来滚去，晚上依旧能够圆满充盈。这就是庄子所说的道枢。

庄子的认识论立场是透过二元对立洞察一元本真，透过表象看见精微，透过"多"看见"合"，他是通过越虚就实完成的。例如，如果有人认为涂口红会让她在公共场合更有自信的话，那么在公共场合戴遮面的口罩会让她有机会从其他渠道找到自信。庄子所培养的是这样一种能力：把显而易见的不幸境况转化为种植一种新的生命果实的沃土。

在道家的教谕中，仅有理解，或者说仅拥有一种恰当的视角，尚不完善，或者说尚有不足。一定要达到"养身"和"养心"才行，这种养的指向是要遵循一种修身之法，因为这才是一种践行道的生活。庄子对此有着完美的表述："知其所以然而不知其然。"这种循序渐进地趋向于知，体现在整个道家的理论与实践中。

新冠肺炎疫情危机的波及范围如此之大，它影响了地球上的每个人，这必然将给人们的生活带来改变。全世界的人都要在过去和未来之间进行权衡，在种种相争互斗的利益和观念之间取舍。让我们以庄子的建议作为此文的结语吧："汝游心于淡，合气于漠，顺物自然，而无容私焉，而天下治矣。"（《庄子·应帝王第七》）这引导着那无可预见亦无可避免的不得以变成这世界新可能性出现的条件，变成存在之新维度出现的条件。现实——万物存在和万物何以演化的现实，在决定我们如何予以应对，而随机应变、为我所用，总是胜过为其所限、陷于其中。司马承祯在其《坐忘论》中称："是故于生无所要用者，并须去之；于生之用有余者，亦须舍之。……况背道德，忽性命，而从非要，以自促伐者乎？"

（本文由潘紫径翻译）

注　释

1 CRAWFORD D. Deadly Companions: How Microbes Shaped Our History [M]. Oxford: Oxford University Press, 2009: 10.

2 “符”常常翻译为“护身符”，但也可以翻译为“符咒”。在汉代，符是人与人之间的协议或契约。符指示需要采取的行动以及执行的顺序。符的这种意图一直保留在道家的实践中，但转为人与众多力量之间的契约。因此，护身符是一种履约合同。符用来束缚恶灵，治愈疾病，保护圣地并传递祝福。有时，道士在仪式中用香烛在空中画符。道家的符也可能是一种图解，它们的力量来自与天界相匹配的意象。LITTLEJOHN R. Historical Dictionary of Daoism (Historical Dictionaries of Religions, Philosophies, and Movements Series) [M]. Lanham: Rowman Littlefield, 2019: 91.

3 “天师道”也以“黄巾军”之名为人所知，黄巾军的愿景是太平的新时代。

4 太玄女者，姓颛名和。少丧夫主，有术人相其母子曰：“皆不寿也。”乃行道学，治玉子之术，遂能入水不濡，盛寒之时，单衣行水上，而颜色不变，身体温暖。可至积日，能徙官府宫殿城市及世人屋舍于他处，视之无异，指之则失其所在。又门户椟柜有关钥者，指之即开。

指山山崩，指树树死，更指之，皆复如故。

5　James Miller, Wintney Baur.Manifesto Planetary Being（unpublished）. 2020: 1.

6　《说文解字·口部》云："游，旌旗之流也。""游"与"泳"互训。《说文解字·水部》云："泳，潜行水中也。"

7　王夫之.庄子解［M］.王孝鱼，点校.北京：中华书局，1964：1.

8　《天道》篇说："夫明白于天地之德者，此之谓大本大宗，与天和者也；所以均调天下，与人和者也。与人和者，谓之人乐；与天和者，谓之天乐"，"故知天乐者，无天怨，无人非，无物累，无鬼责"。《天运》篇说："夫至乐者，先应之以人事，顺之以天理，行之以五德，应之以自然，然后调理四时，太和万物。"

9　陈徽.庄子的"不得已"之说及其思想的入世性［J］.复旦学报（社会科学版），2019，3：3—9.《庚桑楚》云："动以不得已之谓德。"此之所谓"不得已"，曰不得止，即不得不行也，事物之来，应感而发，不可以已；应而自然，无有勉强，亦无有造作。此义之"不得已"乃真人德（即"体"）之发用，只有修得真人之德，方能在应事接物中表现为"不得已"之功。圣人与真人未尝为二：真人以德言，圣人以功论。有此德方能致此功，有此功亦方能彰此德。故《大宗师》合真人、圣人于一体。

10《大宗师》："不得已"（即"崔乎其不得已"与"以知为时者，不得已于事"），皆以明应感而发，动而不止。《庚桑楚》曰："有为也欲当，则缘于不得已。不得已之类，圣人之道。""圣"本通义（《说文解字》：

"圣，通也。"），能通事达物，处世自能得宜。

11　虽然庄子也用"养生"这个我们熟知的词语，但"养中"不一样。"养生"指动态的健康实践领域，包括许多不同的实践，这些实践也被采纳为追求永生和神权的方法。它指的是公元前1世纪后的一套公认的做法，其做法和目标早在公元前400年的资料中就有明确的表述。7世纪，孙思邈认为，修养内在与其说是呼吸的锻炼，不如说是根植于道德行为的修炼。"养生"的实践，无论是呼吸冥想、提高身体意识、伸展还是饮食，都经过多个群体采纳、改变和重新定义到养生的范围内外，如导引练习、呼吸技巧、辟谷、房中术和饮食。养生由四种相对自主的体育锻炼方式组成：行气、饮食、房中术和导引。

12　王夫之《庄子解》："忘生忘死，养其存诸己者，则何至溢言、迁令、劝成以愤事？"王夫之.庄子解［M］.王孝鱼，点校.北京：中华书局，1964：42.

　　郭庆藩《庄子集释》："［注］任理之必然者，中庸之符全矣，斯接物之至者也。"郭庆藩.庄子集释［M］.王孝鱼，点校.北京：中华书局，1961：163."［疏］不得已者，理之必然也。寄必然之事，养中和之心，斯真理之造极，应物之至妙者乎。"

　　崔大华《庄子歧解》：1. 养中，谓养不偏不倚之心。郭象：任理之必然者，中庸之符全矣。陆长庚：托于义命之不得已者，随分自尽，常养吾心之中，使其偏不倚，顺应无情。2. 养中，谓养不动之心。宣颖：托不得已而应而毫无造端，以养吾心不动之中。陈寿昌：托于义命之不得已，而随分自尽，以养吾心不动之中。崔大华．庄子歧解［M］.郑州：中州古籍出版社，1988：160.

13 托马斯·迈克尔（Thomas Michael）认为"养生"是《道德经》的核心，"坐忘"是《庄子》的核心，分别代表早期道教实践的两股强大潮流，这两股潮流既有联系又不相同。他引用葛洪的话写道：养生实践包括行气、饮食、房中术和导引。只有房中术才能使人超越世界。那些只懂"吐纳之道"的人认为，只有行气才能使人延年益寿。那些知道"屈伸之法"的人声称只有导引才能延缓衰老。知道草木之方的人都说只有服药才能使人精力充沛。MICHAEL T. In the Shadows of the Dao［M］. New York: State University of New York Press, 2016, Chapter Five.

14 KOHN L. Sitting in Oblivion: The Heart of Daoist Meditation［M］. translated. Cambridge, Mass.: Three Pines Press, 2010: 80.

15 摘自 Stanford Encyclopedia in Philosophy。

参考文献

Campany, Robert Ford, (2002), *To Live as Long as Heaven and Earth: A Translation and Study of Ge Hong's Traditions of Divine Transcendents.* (University of California Press)

Frase, Chris, (2015) "Zhuangzi and the Heterogeneity of Value" in *New Visions of the Zhuangzi* edited by Livia Kohn, Three Pines Press.

Nylan, Michael (2001) "On the Politics of Pleasure" *Asia Major*, 2001, Vol. 14, No. 1 pp. 73-124, Academia Sinica.

Wang, Bo, (2014) trans, Livia Kohn, Zhuangzi: Thinking through the Inner Chapters, Three Pines.

07

"冠状病毒经"：佛教反思大流行病中
另有合理的人类生活之道

贾森·沃思

大觉醒

相互依存

四无量心

慈悲喜舍

幸福

遇经时刻

自由

相互依存

苦

遇经时刻

大觉醒

眼看着我自己的国家处于应对大流行病的混乱之中，眼看着这一过程所暴露出来的诸多隐含性不公正和不平等——这是大多数国家都在某种程度上面临的状况，我发觉我的思绪转向了西海岸诗人和曹洞宗禅师菲利普·沃伦鸿篇巨制的长诗《京华浮生录》中看似简单的一句：

美国另有人生道，
不富不醉不吸毒。[1]

沃伦曾在京都的街头和寺庙里冥思，在这样一个毁于帝国冲突，又盛行禅文化和灵性精进的都市里，他也曾烦恼重重——为尼克松治下的美国，为生态和灵性的双重退化，为越南战争。在一个为富人所有并为富人服务的强取豪夺的国家里，一个选择就是加入富人的行列，尽管这个选择几乎不可能成功，尽管这种解决问题的尝试不过是为虎作伥。还有一种可能就是"出离"，用毒品和酒精来淹灭自己的思维（这是许多人的选择）。难道就没有一条"中道"吗？"另有"这个词直指人类烦恼的核心。沃伦对于"另有"的灵性渴求，不仅仍然符合人们当下的需求，其广度已显现为全球性的。在大流行病及其显示的隐含性现实中，我们人类的追问可以用这么一句话来表述：在我们的全球世界里，或许另有某种合理的人类生活之道吧……

对于沃伦来说，这个"另有"就是他的人生切实地为我们的人生所立的公案。

就此而言，人必须对全球局势予以咀嚼和反刍。或者换个比喻，那就是：人要把握机缘，把这全球新型冠状病毒的大流行当成一本经书来研读。正如日本镰仓的永平道元大师在他的札记《看经》（*Kankin*）里说的："经是从整我来的经。这样说是因为你的我即是诸佛祖的我，亦是诸经的我。"不过，道元警告我们说："然而遇经却不容易。"[2]

在下面的佛教禅思里，我将尝试"遇经"，我在此把这部经称作"冠状病毒经"。作为一部经，"冠状病毒经"也是"整我之经"，这部经揭示了我们的真相，那就是我们不是互不相干的个体，而是所有人类的我，不，一切有情众生的我。本文旨在遇见、直面"另有"的合理的人类生活之道。

第一问，我怎样才能幸福？

新型冠状病毒大流行已颠覆了这个世界，消除了"这世界基本还算正常"的假象。现在，我们更容易看见在"正常"生活中为我们所忽视的种种不平等现象，或者说，我们至少更难做到对其视而不见了。席卷美国、扩展至全世界的"黑人的命也是命"运动要求系统性的改变，因为人们从中认识到了这些不平等现象从本质上讲是系统性的。大流行病的祸根失衡地落在了由于历史原因而被边缘化的人群身上，虽然我们可能假装"所有人同舟共济"，但这并不诚恳。是的，新型冠状病毒并不区分富人与穷人、强权者和弱势者，但显而易见的是，有的人能够承受将自己接触病毒的概率降到最低所要付出的代价，而有的人则不能。以美国为例，没有身份的农业工人就陷于奇异的双重困境中：一方面，他们没有身份，因此有可能被突然强制驱逐出境；另一方面，由于美国的食品供应链大多都依赖这些薪酬微薄的工人，他们又被列为必要、必须坚持工作的人群。

尽管损失的分布是失衡的、不公的，我们仍然能够理解全世界大都在悲痛中，一损俱损，一衰俱衰。许多人，即便是那些有幸避过了危机的致命打击的人，也仍在忐忑他们是否能够重新快乐起来。这危机也可能加剧我们原有的不快乐，使我们更加怀疑个人幸福是否可能实现，除了少数幸运的富有者之外。这将我们引回了此种反思之核心的第一个问题：从佛法的角度来看，我怎样才能快乐，无论是在新型冠状病毒大流行期间，还是在更广阔的时间里？

这个问题负载着一些不言而喻的假定。在英语中，happiness（幸福、快乐）一词的词根是 hap，即好运或幸运，从这个角度来说，就很容易理解它跟 happen（发生，即应运而生）或 happenstance（偶然发生，即因运而生）这样的词是有关联的。在我想要幸福的时候，我希望骰子掷出让我成为赢家的点数，希望得到更多我想要的东西。我希望事情按照我希望它们发生的方式来发生。在某种程度上，这是不可避免的。比如，如果我们想要呼吸，我们应该想要空气适宜呼吸，并且愿意为保障空气适宜呼吸而做出努力。但无论如何，我们应该承认，幸福，即我们希望事情按照我们想要的方式发生，是与另一种假定捆绑在一起的：幸福是我想要什么，对运气的索求是由我主导的。幸福是要得到我想要的世界。

这种索求有很多问题，而这些问题是众所周知的，也是道德伦理一直试图改善的。倘若我想要的，妨碍了你想要的，又该如何？道德伦理和法律被纳入进来，以裁决这类必然发生的冲突。但是，当我们索求世界屈从于我的意志、给我所想要的一切，我们也能够看见这个世界在我们眼前呈现出两个更深的层面。第一，这种索求制造了冲突，既与我试图制服的世界相冲突，又与其他人相冲突——他们的幸福索求妨碍了我的幸福索求。第二，这种渴望不仅可能是侵略性的、好斗的，它也证明着一种隐含的境况，即我是不幸福的，我所接受的这个世界是匮乏的、残缺的，我遇事很不自在。

由此我们能够看出，"我怎样才能幸福"这个问题本身的提出也许就是佛所说的"苦"的一种症状——释迦牟尼佛将"苦"诊断为人生第一真相，它是一种持续的无常，一种遇事的不自在与不平衡。我越是想要幸福，就越是加重了这个根源性问题——这个根源性问题就是"我"，是早就对自己和自己所在的世界之事感觉不自在的"我"。这个问题无可避免的讽刺性恰在于此："我"越是索求幸福，就越是深陷在我隐含的不幸之中。

正因如此，许多佛法训导都强调某种觉醒，即某种从梦游中醒来的办法——在这种梦游中，我越是想方设法要逃离，我就越是在加重我的痛苦。酒精或毒品成瘾者会擅自给自己开药，以缓解自己在思想或生活上的痛苦，但是这类做法并未触及痛苦的根源，而只是在麻痹自我。追求巨额财富看起来确像一种改善自己处境的办法，但是很快这种追求本身就会变成目的，而我却沦为其奴隶。因为我无法看到这症状的根源是"我追求痛苦，仿佛痛苦的解药就是痛苦"，所以这种追求就持续存在，毫无消减。

这种盲目就是"三毒"（即三种祸根）的核心所在，即无知，或无明。后者是指没有能力看见，不过从广义上讲，我也看不见我看不见。我的盲目使我看不见我的盲目，或者说我的幻象使我只看见我的幻象。就仿佛我的意识是一面蒙尘的镜子，对于未蒙尘的时候了无记忆。这镜子无论照什么，都是灰蒙蒙的。哪怕在这镜子前放置更闪耀或更昂贵的东西，也依然解决不了这个问题；必须先想办法擦去镜子上的灰尘，而要做到这一点，就必须意识到自己的意识之镜一直是蒙着灰尘的——这绝非易事，因为镜子蒙尘太多，根本不知道自己蒙尘了。或者说，这就像我鼻子上挂着一块屎：无论你给我闻什么，我都只闻到臭味。要想闻到禅里的宇宙的无限芬芳，我必须先觉醒，觉知到我有一只臭鼻子的事实，然后想办法把鼻子擦干净。否则，我就会把那臭味归罪于世界，而不是归咎于我自己的鼻子。但是，如果我只知道自己的鼻子是一个器官，我是通过它来体验这连绵不绝的、被我认定是由我的生活和世界引起的臭味，那么我又是怎么忽然之间突发奇想，梦想着嗅到宇宙无穷无尽的芬芳呢？历苦，即体验失衡的生活所带来的烦恼，不是老生常谈的"所有人、所有物"都要承受痛苦。突然经历的苦乃是一种顿悟，它打破了我们的体验之根底里那带着臭味、蒙着灰尘的常识。渴求修行，即擦亮镜子，擦净鼻子——这本身就是道元告诉我们的大觉醒。

最能说明这个问题的，莫过于蒙尘之意识的渴望——它所渴求的竟然是灵性之富足，甚至是净土或其他法门所谓的天堂。确实，经书中充满了珍宝的意象和净土的承诺，这在很多地方都能够看到，包括正统的净土宗佛法。但是，如果原本的问题是我们自己无力看见"我们对幸福的执意追求恰恰在持续和加重我们的不幸福"的讽刺性，那么我们就无法认识到那引导我们看见自己不幸之根源的教义的真实性。我们无力洞见问题的根源，这本身就是我们的问题的根源。这个问题在《法华经》里被提到过，被称为"方便"问题。在与佛著名的火龙意象遥相呼应的火宅喻里，佛要舍利弗想象一个富贵长者的宅子着了火，他知道自己很容易就能逃出去，可是他的孩子仍在宅子里，沉迷于游戏（贪恋和成瘾），全然没有觉察到火焰从四面漫卷而来。这位父亲想方设法警告孩子们危险就在眼前，可是他们听不懂他在说些什么。他们甚至不知道宅子是什么。当然了，在他们眼中，钱财、名声、权力就是最有价值、最实在的东西了！除此之外，哪有什么要紧的东西？于是，这位父亲就想出了一个应急的、权宜的、虚构的办法——这是一服巧妙的解药，炮制这样一服解药就是为了穿透他的孩子们因无知而生的种种幻象。他必须说迷醉的、沉睡的、痴狂的孩子们所能听懂的语言，所以他向孩子们许诺说，他会给他们一切他们想要的东西——针对他们眼下的状况，他向他们许诺说，宅子外面有更奇妙、更华美的玩具在等着他们。孩子们的心就跟着了火一样，他们纷纷跑出了宅子。

佛问舍利弗，这位父亲是否犯了说谎的罪。而舍利弗已经懂了，这位父亲将他的孩子们领上了觉知之路，尽管他们尚不理解。佛的教导，并非直截了当的主张，强求他人认同。佛的教导是良药，是解脱之法，是悄悄地把一颗宝珠缝在我们衣底一般偷偷地把觉醒带给我们。我们忽然间明白了，佛在所有地方、所有事物中，甚至在那火宅里。也就是说，火宅（第一真相乃是苦）促使我们驱向佛法，可是佛法本身呈现在一切存在中，甚至是那最初看起来与佛法全然相反的火宅中。所以，问题不是火宅本身，而是我们自己无力突破自身蒙尘之镜和挂屎之鼻的障碍。火宅恰是我们自己的无明。

尽管净土宗佛法从我们对净土的向往入手，其教导却强调我们根本无法凭着自己的力量或凭着自己的努力到达净土。只有当我们意识到了自己确是愚人，我们的自我才不再阻碍我们抵达净土，而那净土本来早就在那里了。就此而言，针对那渴求进天堂（即终于逃到一个我们能够得到自己想要的一切的地方）的热望，可以再给个提示：只有那被蒙蔽的自我才想进天堂，所以既可以巧妙地运用天堂的教导去反驳天堂本身（用我对极乐的渴望来反攻那执着于天堂的自我，从而以动制动，克服自身），亦可以任由它——这根本问题的表面症状，继续恶化。

从觉醒的角度来看，如果真有天堂和地狱，那么我们渴望的是去地狱。最初，这貌似与我们最基本的幸福渴望背道而驰。实际上，也确实如此。但是，这貌似最基本的渴望在阻止我们实现菩提萨埵（简称菩萨）的理想：只要众生之中哪怕有一个仍在受苦而不得解脱，那么我就不为自己求觉悟和解脱。

这正是四弘誓愿的第一誓愿（众生无边誓愿度）。鉴于此誓愿不可能产生效应——苦是永远都存在的，那么我就意识到我之所以修行，不是为我，而是为他人。或者说，我之所以修行，是将我作为许多个他人中的一个他人，而不是将我作为同他人区分开来的一个自己。那个愿意得乐的我，是为了他人而在菩萨的境界中醒来。或者用地狱的说法：菩萨的志向是去地狱，因为那里有需要他帮助的众生。唯有"自我"想去天堂，具有讽刺意味的是，这意味着"自我"其实已在自己的地狱里了。

意欲得乐的我，总是用我得乐的成功度来称量幸福。那是因为我的出发点是虚幻的、割裂的自己。释迦牟尼佛则谈到一种不同的发心，一种不同的居心（精舍），有时候他把这种居心称作"四无量"，这与我对幸福的斤斤计较的称量方式（我需要得到我自己的幸福，我祝福别人，只要他们不妨碍我）形成了鲜明的对比。

四无量，常被称作"四无量心"。精舍就是精神的居所或处所。它是一个人的根基所在，是人的来处，是我们的"意"的落脚处。虽然佛是生他、养他的婆罗门文化的叛教者，比如他认为婆罗门种姓独霸了本应为众生所共有的灵性生活，但是他仍然沿用了婆罗门的许多主题，并借用了婆罗门的许多名称。这算是婆罗门精舍，但这不过是个名字而已；倘若超越一切名，它实际上来自四无量意的精舍——四无量意，即"意"经历尘世的四种方法，从尘世本身的无量地和我们自身的无量地。

有四种禅观，即四种佛果。第一个或许最为人所知，即所谓的慈心，也就是平常所说的慈爱，积极主动地去疗愈、施救、援助、善待他人。第二个是悲心，悲心与慈心的联结在于，悲心不把他人的痛苦视为他人的问题，而是感同身受，如同自己的问题。观世音菩萨，即中国人所说的观音，听闻尘世众生的所有哭喊。菩萨的理想就是：只要这世界上还有苦痛，那就放弃一己的觉醒。那么，既然苦痛永远存在，菩萨也就从来不受自利心的驱使。菩萨弃绝居高临下的怜悯，如同弃绝恶意与残忍。

第三个就是喜心，懂得并分得他人的欢喜。喜心是根植于前两种心的，它格外强调的是这四种居心的无量地。喜心是自我克服尼采那著名的"无名怨愤"，即因为你的幸福和成功像镜子一样映照出我自己的痛苦、悲伤和失败感，所以我对你产生的恶意。喜心不受自尊心的掺杂和污染，将他人的成功视为与我自己的幸福紧密相关的事情（如同我的孩子在学校得了好成绩，或我支持的运动队得了冠军）。他人的幸福不但不会养成我的无名怨愤，甚或我的忌妒心，反而会给我欢喜。我以他人的欢喜为欢喜。这种喜心甚至超越了亚里士多德在《尼各马可伦理学》中所提及的一种美德：亚里士多德提出的这种美德是义愤，即对他人不劳而获的幸福产生正义的愤慨，它介于对他人理所应得的幸福的公然忌妒（即满怀敌意和羡慕）和最黑暗的另一极端幸灾乐祸之间。在佛法里，悲心排除了恶意，而喜心清除了忌妒。不过，亚里士多德认为对于他人不劳而获的幸福产生义愤是正当的。我们觉得不快的是他人仅仅因为幸运而兴旺发达。从喜心的角度来看，这也是染上了义愤。我帮助你不是因为你配得帮助。我帮助你是因为你在承受痛苦。可是说到底，谁的幸福真是当之无愧的呢？无论如何，喜心只是为他人的幸福而欢喜。

第四个居心是舍心，即安详和镇静之心。舍心是不同于喜心的，因为喜心还是在滋生贪执，即对欢喜和幸运上瘾，甚至对觉悟的极乐上瘾。不要把这个舍心混同为冷漠，包括对他人的困境感到漠然和冷淡，仿佛认真对待他人的痛苦会把我太深地拖进人类世界那污泥浊水般的糊涂账里。舍心消解的是贪执心，但并不弃世，并不推卸对世界的责任。舍心是以和平的态度给予世界照顾，并关心一切众生。尽管全球性的大流行病令人难过，但不应该把它错认为是一种对我的幸福的威胁，而是一种对我们共有的集体自我的深层关怀的唤醒。

第二，不要害怕

一眼看去，四无量心是纸上读来样样好，落实起来处处难吧！这简直就像一个诱人的童话，但是在全球新型冠状病毒大流行期间，我们难道不需要变得更务实些吗？何况与即将到来的生态性危机和全球性不公所引发的种种烦恼挣扎相比，新型冠状病毒的全球大流行不过是小巫见大巫！

这样的抗议，哪怕是出于好意，也是不合时宜的。首先，这些危机所暴露出来的是我们的道德想象力的匮乏。我们原本已经太务实了，竟然希望世界人口中的大多数会停止抱怨，学习热爱他们所承受的不平等，毫不介意我们人类种族为财富向顶层的百分位数持续转移所付出的代价——那就是不仅大部分人类深陷不稳定和痛苦，地球本身也深陷不稳定和痛苦。我们对世界秩序的委曲求全，预计将造成超过 100 万种生命形式的灭绝，我们早晚必将承受它所带来的种种恶果。而这不过是我们为人类自身的灭绝所缴纳的首付款。激进与不切实际的，不是四无量心，而是我们对"一切照常"的奴性。

我们自己的务实主义不仅是一种妨碍我们正视自身既无能力又无志气之现实的自欺；它还斥责四无量心有所缺欠，而这种反应来自一套假设中的一个假设——我们想象自己必须向内求得四无量心，才能做到有备无患，应对自如。然而，这种自我的匮乏感不仅令人发指地无用，而且恰恰是问题的根源所在。比如，我们对病毒的迅速传播感到惊讶，甚至震惊。然而，科学家已经年复一年地发出警告，毁灭性的大流行病即将发生，这世界却令人痛心地毫无准备。我们原以为会发生什么呢？既然各国都在赌病毒会"神奇地"消失，经济事务会一如既往，那我们为什么还要对这场不顾后果的赌局的下场感到惊讶呢？而这不过是冰山一角。我们知道在接下来的几年中，全球气温平均将提升 2 摄氏度，这将是"灾难性的"。《巴黎气候协议》虽然代表着我们向正确的方向迈了一步，可普遍看来，就连它那不足以逆转危机的要求，我们也未能切实做到。简而言之，气候告急只是全球生态危机的一个方面，除此之外我们还面临生物区的毁灭、空气污染和水污染、居住地锐减、不可持续的人口增长等问题。另外，全球经济秩序建立在经济不断增长的预期之上，但是我们已经看到这种增长前景存在很大的局限。比如，全球经济都依赖化石燃料，但是继续燃烧化石燃料的生态代价是我们无法承受的，而且化石燃料也在迅速耗尽。还有，全球经济若是保持现有轨道，不仅会导致灾难性的气候变化，而且地球的资源根本不足以支撑我们实现全球财富持续增长的诺言。大流行病所暴露的不是发生在我们身上的问题，而是我们就是问题。

如果我们就是问题，那么对那些尽力让我们认清问题的本质并提供了更加深刻的、截然不同的出发点的法门予以斥责就没什么道理了。比如，四无量心不是基于人类的自利心，而是基于万物（包括我们人类在内）的无量地。理解当下问题的一个方法是去思考陀思妥耶夫斯基在其早期小说《地下室手记》（1864 年）中提出的开创性洞见。它的叙述者几乎在所有他接触的人类面前都是隐形的，可是他无意改变自身所处的困境，而是要拼命争取一个更公正、更平等的世界。更有甚者，他主张他拥有愚蠢的权利。他愤懑地坚持他自己的自由，坚持他想做什么就做什么的权利。在我的国家，这类坚持包括：人类的自由给了我们在大流行病期间不戴口罩的权利，哪怕不戴口罩会将他人的生命置于危险之中。你竟敢妨碍我的自由！我主张我的自由！然而，人类的自由就是我们想做什么就做什么的权利吗？就是反抗"某些精确计算、详细规范、令世界再无任何行动和历险之余地的善意提示"吗？[3]

　　这个地下室人坚称，他有权力宣布 2+2=5。这并非一种戏剧化的存在宣言，宣称我们的自由实乃荒谬，那不过是某些读者草率做出的时髦臆测。它实际上是将自由归为人类的自我中所固有的东西，并主张拥有向一切妨碍这自由的事物开战的权利。正是我们认定自己拥有向地球开战的自由引发了生态危机。正是我们对动物权利的忽视（这表现为工厂化养殖和动物栖息地被毁灭），在加速从畜到人疾病的传播，包括新型冠状病毒。然而，我们却继续在这个问题上加大赌注，仿佛解决之道就是以种种新形式的人类霸权来解决人类霸权所造成的恶果，包括将气候变化想象成"不过是"另一个工程问题。我们主张自己拥有为所欲为的权利，为了让这种主张合情合理，我们找到了各种技术，来证明 2+2=5。我们试图征服地球，迫使地球臣服于我们的自由，而不是与地球合作。所以，我们所追求的自由，不是蕴含于自然的自由之中（如佛法和道家所说的），而是存在于我们任性的战斗中，战斗的目的就是将我们的自我凌驾于自然之上。

虽然这个全球神话现在极为盛行，但它是建立在扭曲了我们与自然之关系的自欺之上的。在我们将自身与自然对立起来的自我宣言中，我们忘记了我们的存在本身完全依赖于自然。我们是地球生物，我们一路进化而来的结果是只有在这种极其独特的恒温恒湿膜里才能生存和繁衍。因此，人类生命的存在，不仅要依赖地球，而且要依赖这种极其独特的气候环境，这种气候环境一旦失去则意味着地球仍将继续，生命仍将进化，而我们却要自我灭绝了，因为地球的各种生物区无法再支持人类生命。此外，在这个恒温恒湿膜内，我们还依赖清洁的饮用水、可食用的食物、可耕种的健康土壤、可呼吸的清洁空气。就此而言，自由是基于动态进化的因，和生命与生存的缘。自由的危险在于它在自我中的错位，使我们毁灭性地背离我们的因与缘。我们存在着，仅仅是因为这独一无二的、极度敏感的、可生可灭的地球时刻存在着。

由于我们的这种任性，我们在有意或无意间，成了我们自身痛苦的帮凶——为了调教这种任性，佛法倡导空，而空法是展示一切事物（包括我们自己在内）都没有所谓的"自在"，即独立的、同一的、自主的、自立的存在。从常规上讲，我们总是想象自己首先是以自我的形式独立自主存在的，但是这只是一种抽离的认识，在这种认识里我们忽略了我们与其他众生动态共享的、隐含的因与缘。例如，如果我只是我，我并非水、食物、氧气、教育、语言、家教、适宜的生存条件，那么我们完全可以把所有这些隐含的相互依存因素都拿掉，而我依然是我。但是，如果真的将那些因素都拿掉，我就会消失，因为我是所有那些因素的动态性的相互关联。这是理解佛有关存在的论说的一种方法。存在不是所有独立存在的事物的集合，而是更加实在，更加亲密的无我、无常、空和缘起。

自然不是原子式的众生的集合，人类也并非原子式的众生的集合，尽管人类出于自毁的习气总是声称自己不过是原子的集合而已。道家和东亚佛学所说的自然，从本质上说是自然的、自发的，不是虚妄的自我动因的强求，而是互相提升的生命之间的动态的相互依存，每一生命皆存在于其他生命之中，并通过其他生命而存在。目前，世界在大流行病期间所遭受的痛苦来得莫名其妙（尽管其中很多痛苦早有预言，且可预防），这恰好暴露出我们这自我毁灭的危险道路的某些特征。可是，哪怕我们继续在自我毁灭的危险道路上一意孤行，作为缘起的自然仍然不会止歇。自然永不止歇。当下的境况更清楚地暴露了缘起的两个方面的真相：第一，我们可以理解自然本身是"一个自由度系统"，这是用伟大的 19 世纪德国哲学观来表述的。自然就跟道一样，从根本上说是既不可道又无穷尽的，但是从万物的层面来说，它又是相互依存，因而系统地逐渐展现出来的；第二，尽管自然永远是一个系统的问题，系统却并非自然而然就健康。生物区可能崩溃并陷入"失控"。新型冠状病毒暴露了系统的腐败，包括种族歧视、性别歧视、阶级歧视，以及我们的经济与政治生态的失衡。从更广泛的意义上讲，我们被赋予了另一个机会，去直面我们所现身的自然系统和我们所生活的经济、政治系统之间的不平衡和不友善。

因此，四无量心意味着我们能够从"我们有权愚蠢"的迷幻中觉醒，并意识到我们就像那构成我们自身的动态相关的种种关系一样健康和良善。在那小气而吝啬的自私之自我的想象里，四无量心是可望而不可即的，可是那种想象不过是一个我们必须从中苏醒的噩梦，是一个我们必须挺身担当起相应的护理与责任的系统警报。这是大事，是一等一的大事，如果对此置之不理，那么我们无论付出多少努力都将徒劳无功。

虽然这听起来很恐怖，很令人畏惧，但是借着空法，我们觉悟到我们与万物之间那动态进化的相互依存，这空法确是令人解脱的。在《心经》里，我们得到的教导是"无挂碍故，无有恐怖"，所以我们不必害怕。恐惧和创伤把我们挤压到最小，把我们封锁到一个局促的、固定的、静止的自我中，但是空性能打开我们，让我们向所有人和所有事物开放。

从某种意义上讲，这是要在世界形势凸显出我们的渺小的当下，唤醒我们的伟大。但是，伟大的意思，并非是指自我膨胀。我们的意思不是虚荣，不是认为有些人比其他人更好，或我们人类比其他物种更有价值。我们的意思确实是让你自己变得更大、更强。我们的意思不是增长所谓的"伟人"遗风。自我的伟大与否完全在于清空了什么，随着幻觉的消失，意的障碍也就消除了。其目的是要克服那分裂的、好斗的、不断为自己争取幸福和愚蠢的权利的自我所产生的虚妄。其目的是要唤醒那个伟大的、使我们和万物相互依存的自我。

道元禅师在对典座（寺院炊事僧）的宣讲中，遵循传统（包含道家），说到了大心或妙心的培养，说大心"如大山大海，无偏颇争斗意"。它大过我们对幸福的执着，包括我们对个人的伟大的执迷。道元建议大家学习"大"这个字，其形象好像一个伸出手臂拥抱的人。相比之下，"小"这个字就像一个双臂下垂、不再拥抱外界的人。"你们应知晓从前的伟大导师都学习过大字，现在都自在地发出大声，解说大意，澄清大事，引导大人，成就大业。"[4]

我们现在正面临一种意义上的大危机：我们的挑战是巨大的，令人望而生畏的。但这同时也是机遇，让我们用更深层意义上的"大"来做出反应：去拥抱我们与一切众生相互依存的完满性。我们不需借金钱的力量左右他人和世界，使其服从我们的意志，我们也不需要"抽离"，人为地麻木我们的意识，否则便无法应对这不可忍受的世界。敞开自己，拥抱"另有"的合理的人类生活之道，就是觉悟到我们的"大"。

（本文由潘紫径翻译）

注　释

1　WHALEN P. Scenes of Life at the Capital ［M］. Bolinas, CA: Grey Fox Press, 1971: 9.

2　TANAHASHI K, ed. Treasury of the True Dharma Eye ［M］. Boston and London: Shambhala, 2010: 222.

3　DOSTOEVSKY F. Notes from Underground ［M］. PEVEAR R, VOLOKHONSKY L, trans. New York: Alfred A. Knopf, 1993: 24.

4　LEIGHTON T D, ed. Dōgen's Pure Standards for the Zen Community: A Translation of Eihei Shingi ［M］. LEIGHTON T D, OKUMURA S, trans. Albany: State University of New York Press, 1996: 49.

致谢

2020年3月初，新冠肺炎疫情刚开始在美国全面暴发，我的同事托比·李思找到我，希望就疫情这个机缘，组织几位中西学者、思想者写写疫情引发的深层次思考，有份杂志会感兴趣刊载。我们一拍即合，马上开始组织安排。后来和那份杂志的合作生了些变故，但我觉得还是有必要把这件有意义的事情做下去。之后，我和挚友史旻、中信出版社出版人刘丹妮、加利福尼亚州洛杉矶罗耀拉大学哲学系教授王蓉蓉老师进行了多次讨论，编辑这本书的想法就此成形。在此，对于各位师友给予的启发、呼应和鼓励，我表示由衷的感谢。

这虽然是一本"应景"的小书，但参与写作的老师们挑战了许多我们习以为常或奉为圭臬的理念和实践，提出了令人深思甚至颠覆性的问题和思考。或许我们以前听过、看过其中很多观点和论述，但往往把它们当作知识理解了以后就束之高阁，并没有把这些问题、思考与我们的生命、生活关联和贯穿起来。全球新冠肺炎疫情或许是个"梦醒时分"。参与写作的老师们为世人"敲更鸣钟"，他们的高识远见、责任与担当让我敬佩并心怀感激。

我在此还要特别感谢龚隽、张祥龙、蒋劲松、潘涛几位老师在审稿方面给予的支持和建议。中信出版社的编辑更是不辞辛苦，反复审稿，提出了许多宝贵而又有创意的想法。赵汀阳老师充满趣味和睿智的漫画在给读者带来深思或会心一笑的同时，也给我们这本小书添色增彩。

最后，这本书得以成形还离不开北京大学博古睿研究中心同事们的帮助和耐心。尤其感谢田馨媛同学，她勤勤恳恳、极富耐心地做了所有初期的编辑、协调、脚注查找工作。

当然，一切错误和肤浅之处都是因为我的疏漏与才学粗浅，望读者海涵！

宋冰

2021 年 4 月于北京上第摩码园